Zeynep Aydoğan
Ümit İncekara

Poluição por elementos pesados

Zeynep Aydoğan
Ümit İncekara

Poluição por elementos pesados

O seu significado na literatura e a utilização de organismos para monitorizar esta poluição

ScienciaScripts

Imprint

Any brand names and product names mentioned in this book are subject to trademark, brand or patent protection and are trademarks or registered trademarks of their respective holders. The use of brand names, product names, common names, trade names, product descriptions etc. even without a particular marking in this work is in no way to be construed to mean that such names may be regarded as unrestricted in respect of trademark and brand protection legislation and could thus be used by anyone.

Cover image: www.ingimage.com

This book is a translation from the original published under ISBN 978-620-2-07750-7.

Publisher:
Sciencia Scripts
is a trademark of
Dodo Books Indian Ocean Ltd. and OmniScriptum S.R.L publishing group

120 High Road, East Finchley, London, N2 9ED, United Kingdom
Str. Armeneasca 28/1, office 1, Chisinau MD-2012, Republic of Moldova, Europe
Printed at: see last page
ISBN: 978-620-7-93473-7

Poluição por elementos pesados, o seu significado na literatura e a utilização de organismos para o seu controlo

Poluição

Zeynep Aydogan, Umit incekara

Escola Profissional de Ensino Superior de Narman, Universidade de Ataturk, Narman, Erzurum, Turquia

Faculdade de Ciências, Departamento de Biologia, Universidade de Ataturk, Erzurum, Turquia

Conteúdo

Resumo

Atualmente, o ecossistema está a mudar rapidamente, infelizmente em paralelo com o aumento da atividade humana. Um ecossistema é constituído por elementos vivos e inanimados, cada elemento ligado aos outros a diferentes níveis, e cada elemento em harmonia consigo próprio e com os outros elementos. A vida natural, que se baseia em vários equilíbrios, continua enquanto o equilíbrio entre o organismo vivo e o ambiente puder ser mantido. É por isso que todos os seres vivos, incluindo os seres humanos, precisam de ambientes adequados onde possam viver regularmente. A poluição por metais pesados e os seus efeitos são objeto de muitas disciplinas e o âmbito deste capítulo é limitado. Nesta contribuição, analisamos os metais pesados, as suas fontes, as suas definições na literatura e os seus efeitos nos organismos, bem como a avaliação biológica desta poluição nos organismos. Neste capítulo, o termo "metal" refere-se a qualquer elemento suscetível de ser tóxico para o biota e o abiota.

Palavras-chave: Metais pesados, bioindicadores, biomonitores, saúde dos ecossistemas, impacto humano.

1. Introdução

Fontes de poluição por metais pesados

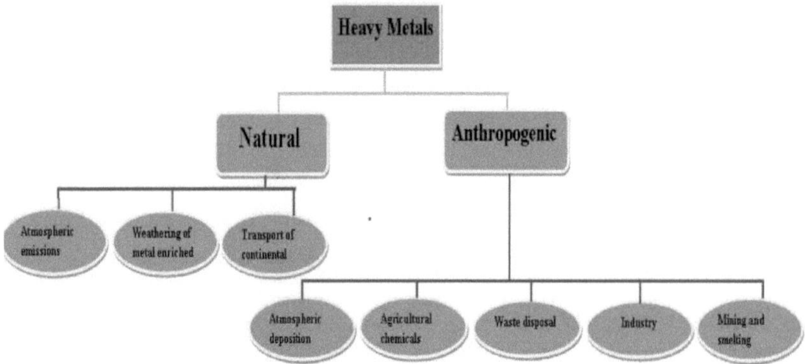

Figura 1: Fontes de poluição por metais pesados (Oves et al. 2012).

De um modo geral, as fontes de poluição podem ser divididas em três categorias: domésticas, agrícolas, industriais e mineiras. Vários factores e os seus efeitos cumulativos, como a desflorestação, a urbanização descontrolada, a sobrepopulação, a sociedade do lucro e o progresso tecnológico, são também responsáveis pela poluição generalizada da Terra. Três factores influenciam a mobilização e a distribuição dos elementos. O primeiro é o magma, que se forma no centro da Terra a altas temperaturas e pressões. Estes fenómenos conduzem à concentração dos elementos em certos tipos de rochas, os chamados minérios. O segundo são as condições físicas, químicas e biológicas que influenciam a mobilização dos elementos. A terceira está ligada às actividades humanas. A extração excessiva de elementos concentrados nos minérios conduz a riscos potenciais para o ambiente. A utilização abundante de metais pesados nos sectores industrial, doméstico, agrícola e tecnológico levou à sua distribuição generalizada no ambiente. As águas residuais domésticas provêm das casas de banho e da água utilizada para lavar e cozinhar. Os resíduos agrícolas são produzidos por várias actividades agrícolas, como a horticultura, a produção de leite e a criação de gado. As actividades industriais e mineiras são a fonte de poluição mais significativa. Todas estas fontes de poluição contêm principalmente resíduos metabólicos, solventes, vários detergentes, corantes e pigmentos, baterias, produtos electrónicos, produtos organoquímicos, produtos farmacêuticos, pesticidas, fertilizantes, produtos automóveis e metais pesados. Alguns destes resíduos podem ser biodegradáveis, mas a maioria destes produtos químicos, como os metais pesados, não são biodegradáveis. Por conseguinte, mesmo em doses baixas, estas substâncias químicas podem persistir no ambiente e nos ecossistemas aquáticos e reduzir a qualidade do ambiente e dos habitats aquáticos (Ololade et al. 2008). Devido à sua natureza persistente, tendem a acumular-se no meio abiótico, como o solo e os sedimentos, e a biomagnificar-se no biota, como na cadeia alimentar (Shrader 1983; Victor et al. 2012). Se os metais pesados aumentam no ambiente, entram no ciclo biogeoquímico e causam toxicidade. Isto significa que o estoque ambiental na cadeia alimentar aumenta rápida e continuamente, este processo é conhecido como bioacumulação e biomagnificação, criando um sério risco para o meio ambiente e causando vários problemas de saúde e sobrevivência para os animais aquáticos, incluindo os seres humanos (Bini e Bech 2014; Rajeswari e Sailaja 2014).

Lista de fontes de poluentes à base de metais pesados :

-Fertilizantes: Cu, Mn, As, Cd, Cr, Pb, Hg, Mo, U, V, Zn (os fertilizantes fosfatados contêm Cd e U).

-Pesticidas: Cu, Se, As, Hg, Pb, Mn, Zn (alguns fungicidas contêm Cu, Zn e Mn)

-Conservantes da madeira: As, Cu

-Produção de aves de capoeira: As, Cu

-Papel e pasta de papel: Hg

-Compostos: Cd, Cu, Ni, Pb, Zn, As

-Lamas de depuração: Existem muitos elementos, mas principalmente Cd, Ni, Pb, Zn, As, Cu e Sn.

-Corrosão de objetos metálicos: Zn, Cd

-Cloro-alcalino: Cr, Cu, Zn, Se, Hg, Cd

-Refinação de petróleo: Zn, Cd, Cu, Cr, Pb

-Eletrodeposição: Ni, Zn, Cr, Cu

-Indústrias metalúrgicas: V, Mn, Pb, W, Mo, Cr, Co, Ni, Cu, Zn, Cd, Li, As, Ag, Hg, Se

-Baterias : Pb, Sb, Zn, Cd, Hg

-Pinturas: Cr, Cu, Pb, Hg, Se, Sb, As, Cd, Mo, Si, Co, Zn

-Catalisadores: Ni, Mo, I, Co, Rh

-Estabilizadores de polímeros: Pb, Sn, Zn, Cd

-Impressão e gráficos: Se, Pb, Zn, Cd

-Uso médico - ligas dentárias e medicamentos: Ag, Sn, Hg, Cu, Zn, As, Sb, Bi, Ba, Se, Li, Ta

-Aditivo em combustíveis e lubrificantes : Pb, Se, Te, Mo, Li

-Têxteis e couro: Cr

Em contraste com estas vantagens, os metais pesados são perigosos porque têm tendência para se acumularem. Entre os contaminantes, os metais pesados, essenciais ou não, têm atraído muita atenção devido à sua longa persistência, toxicidade, natureza não biodegradável, meia-vida biológica longa e tendência para se acumularem nos organismos; uma vez entrados na cadeia alimentar, é impossível livrarem-se deles (Nehring, 1976; Zhou, 2008). As concentrações superiores aos níveis normais têm efeitos nocivos, ou mesmo fatais, nos organismos vivos e no homem. Por conseguinte, afectam a fauna, a flora e outros componentes bióticos e abióticos do ecossistema.

Definição de metais pesados

Se olharmos para a história da descoberta dos elementos e da sua listagem na tabela periódica, Lavoisier, que elaborou a primeira lista moderna de elementos químicos, definiu um elemento como uma substância que não pode ser decomposta por reação química em substâncias mais simples e listou 33 substâncias como elementos em 1789. Em 1818, tinham sido determinados 49 elementos aceites. Mas a primeira descrição da tabela periódica foi efectuada pelo químico russo Dmitri Mendeleev em 1867. Em 1919, havia 72 elementos conhecidos e, em 1955, foram descobertos 101 elementos. Em 2010, foram observados 118 elementos. Destes 118 elementos, 94 ocorrem naturalmente na crosta terrestre e os outros elementos (números atómicos 95 a 118), que não se encontram na Terra, foram obtidos artificialmente ou em reactores nucleares (Emsley 2011; Ebbing e Gammon 2017; Anónimo 1). A tabela periódica apresenta os nomes, os símbolos, os números atómicos e as massas atómicas dos elementos. Tem sete linhas horizontais chamadas *períodos* e dezasseis colunas verticais chamadas *grupos*. É útil para compreender a estrutura e prever o comportamento químico de um elemento. Todos os elementos, desde o número atómico 1 (hidrogénio) até ao 118 (organotion), estão classificados na tabela periódica de acordo com o seu número atómico, configuração eletrónica e propriedades químicas. Os elementos da tabela estão divididos em metais, não-metais, semi-metais e gases nobres. A disposição da tabela periódica tem sido aperfeiçoada e alargada ao longo do tempo, e os cientistas continuam a desenvolver novos materiais e a descobrir novas propriedades para os antigos.

Os elementos são omnipresentes e estão entrelaçados nas nossas vidas, não só na natureza mas também no nosso quotidiano. Os elementos estão distribuídos em diferentes proporções na litosfera, hidrosfera, atmosfera e biosfera. Todos os elementos presentes na Terra encontram-se na natureza sob a forma de minérios e minerais. Os elementos são definidos quimicamente como a substância mais simples e contêm apenas um tipo de átomo; por conseguinte, não podem ser decompostos numa substância mais simples através de uma reação química não nuclear. Cada um destes elementos pode ser eficaz numa variedade de estilos de vida. Alguns elementos, para além dos seus efeitos toxicológicos, desempenham um papel importante na bioquímica dos organismos biológicos, mas outros são extremamente tóxicos para o homem e para o ambiente. A crescente utilização e extração destes elementos no âmbito da atividade humana está a levar a um aumento da sua concentração e distribuição na Terra. Na tabela periódica, dos 118 elementos identificados, cerca de 80 são designados por metais. Mesmo as actividades antropogénicas estão a contribuir para um aumento dos metais pesados, que são componentes naturais da crosta terrestre e que se encontram em toda a crosta terrestre sob a forma de minérios e minerais. Um metal é definido pelos químicos como um elemento que é um bom condutor de eletricidade, tem uma elevada densidade, uma elevada condutividade térmica e tem reacções químicas (Jones e Atkin 2004; Muller 2007). Enquanto elementos, os metais têm propriedades físicas, químicas, biológicas e toxicológicas únicas. Também podem existir no ambiente e transformar-se de uma forma química ou valência (configuração eletrónica) para outra. As condições ambientais, tais como a componente biótica do ambiente, o pH, a temperatura, o potencial redox, a força iónica e os tipos de solo, contribuem para as alterações desta forma.

Os metais pesados que se concentram no ambiente têm três fontes antropogénicas principais: a exploração mineira, a indústria metalúrgica e as empresas industriais; na realidade, encontram-se na natureza e são os principais constituintes das rochas e minerais que constituem a maioria dos elementos. Os metais pesados no ambiente têm sido objeto de um estudo intensivo devido à sua toxicidade na água potável, à sua importância nos ciclos biogeoquímicos naturais e aos seus efeitos a longo prazo nos organismos vivos, aos riscos químicos que apresentam e à sua utilização segura para a saúde humana. Tanto as actividades antropogénicas como as naturais podem aumentar a concentração de metais pesados em qualquer ambiente. Hoje em dia, contudo, as actividades antropogénicas são a principal razão para a entrada de metais no ambiente, em comparação com as entradas naturais.

O termo "metais pesados" tem sido utilizado em várias publicações relacionadas com a química, a física, a medicina, a ecologia, a toxicologia ambiental e até em regulamentos legais. Nestes domínios, o termo é geralmente utilizado como uma conotação de poluição ou toxicidade. Atualmente, os metais pesados (quer sejam essenciais ou tóxicos) são uma questão extremamente importante para a saúde humana e o ambiente, mas não existe consenso sobre a definição de metais pesados na literatura. É interessante notar que mesmo os não metais, como o selénio (Se), o bromo (Br) e os metalóides, como o arsénio (As) e o antimónio (Sb), são considerados como pertencentes à categoria dos metais pesados, dando a impressão de que o termo foi mal escolhido. Apesar de vários autores terem sublinhado a importância da toxicidade dos metais pesados, um relatório técnico da União Internacional de Química Pura e Aplicada (IUPAC) (Duffus 2002) apresenta numerosas definições de metais pesados, tanto químicas como biológicas, apelidando-as de "termos sem sentido".

Dos 118 elementos identificados, cerca de 80 são designados por metais. A terminologia utilizada para os metais pesados varia e é frequentemente confundida. O termo "metal pesado" é um grupo heterogéneo de elementos que inclui metais, semi-metais, não-metais, lantanídeos e actinídeos e, como vimos, foram propostas várias definições, mas nenhuma delas foi amplamente aceite. A nível científico, o termo foi definido pela primeira vez na obra Inorganic Chemistry de Bjerrum, traduzida por Bell na terceira edição dinamarquesa (1932) e publicada em Londres em 1936 (Foster 1936). Esta obra classifica os metais em três categorias: não-metais, metais leves e metais pesados. O termo é definido em relação à gravidade específica dos metais que têm uma gravidade específica de 7 ou mais na sua forma elementar pura (Woodriff 2013). Os metais pesados são objeto de uma extensa literatura relativa à sua acumulação em factores bióticos e abióticos e não existe uma definição normalizada, pelo que podem ser definidos de várias formas. [3]As definições mais frequentemente utilizadas são as seguintes: os metais pesados são normalmente considerados como tendo uma densidade de 3,5 a 5 g/cm e superior (Falbe et al. 1990; Lenntech 2004; Tchounwou et al. 2012). De acordo com esta definição, os limiares de densidade podem ser modificados de acordo com o autor e todos os elementos mais pesados do que o titânio (Ti) são metais pesados, mas a sua propriedade física não faz muito sentido. Outra definição é que um metal pesado se refere a qualquer elemento tóxico em pequenas quantidades, com iões em solução, um elevado peso atómico ou gravidade específica e uma densidade 5 vezes superior à da água (Hutton e Symon 1986; Fergusson 1990; Govind e Madhuri 2014; Rajeswari e Sailaja 2014). [3]Hawkes (1997) definiu todos os metais de transição e pós-transição (metais e semi-metais) como metais pesados (nos grupos 3 a 16 da tabela periódica que estão nos períodos 4 e acima) e têm densidades superiores a 5 g/cm , geralmente excluindo os metais alcalinos. Outra definição possível é a seguinte: os metais pesados são poluentes graves dos ecossistemas aquáticos devido à sua persistência no ambiente, à sua toxicidade e à sua capacidade de se amplificarem nas cadeias alimentares (Rishi e Jain 1998; Kishe 2003). Os biólogos, incluindo os ecotoxicologistas e os cientistas do ambiente, utilizam o termo "metal pesado" como conotação de toxicidade e definem-no como os elementos que, abaixo ou acima de um determinado limiar de concentração ou de uma concentração excessiva, são potencialmente tóxicos e causam problemas ambientais e de saúde (Appenroth 2010; Singh et al. 2011). Esta definição é independente do peso atómico e da densidade dos metais pesados e qualquer metal pode ser tóxico e ser designado por metal pesado.

O termo "metal pesado" é utilizado para designar qualquer elemento que cause problemas de saúde ou danos ambientais. A maioria destes elementos é absorvida pelo corpo humano através dos alimentos, da água e do ar e é absolutamente necessária para todos os organismos vivos numa determinada dose. O contexto geológico de um elemento também é importante, porque se conhecermos a concentração de um elemento num solo, isso pode fornecer informações sobre a sua biodisponibilidade potencial. No entanto, certos metais, como o ferro, o cobre e o zinco, só são tóxicos em concentrações elevadas e também existem em solos não contaminados.

Se olharmos para todas estas definições, podemos concluir que todos os "metais pesados" são elementos que, independentemente da sua densidade e peso atómico, são preocupantes para o ambiente, e que este termo foi criado com referência aos efeitos nocivos e tóxicos nos organismos vivos, incluindo os seres humanos e o ambiente. Existem muitas definições baseadas na sua densidade, número atómico, peso atómico ou posição na tabela periódica, mas as suas propriedades físicas e químicas (estado alotrópico ou de oxidação) são ignoradas. [3]Os critérios de densidade começam geralmente a partir de 3,5 g/cm. [333333]Em função da sua gravidade ou densidade, alguns elementos têm uma densidade inferior a 5 gr/cm , como o zinco (7,13 g/cm), o manganês (7,43 g/cm), o ferro (7,87 g/cm), o cobalto (8,9 g/cm) e o cobre (8,96 gr/cm), mas estes são também elementos essenciais de que os organismos necessitam em determinadas quantidades. [3]Embora o ouro tenha uma densidade elevada (19,32 g/cm), não se conhece qualquer efeito tóxico para os organismos. Os critérios de definição da massa atómica vão desde o sódio (22,98) até um peso superior. [3]Se considerarmos as definições estabelecidas por alguns autores, um metal pesado é um elemento cuja densidade é superior a 3,5 g/cm , cuja massa atómica é superior a 22,98 (Na) e cujo número atómico se situa geralmente entre 20 e 92 (Lyman 1995), cuja posição na tabela periódica vai do grupo 3 ao grupo 16, nos períodos 4 e superiores (Blake 1984; Hawkes 1997; Dufus 2002; Khlifi e Ming-Ho 2005). [3]É claro a partir destas definições que os metais pesados são um termo coletivo geral para o grupo de metais e semi-metais com uma densidade atómica superior a 3 g/cm . Por conseguinte, não existe qualquer correlação entre a densidade do metal e o seu efeito toxicológico no organismo, variando a toxicidade em função do estado de oxidação do elemento. A forma de óxido de certos elementos pesados não é tóxica e é utilizada no tratamento de certas doenças (Singh et al. 2011).

É sabido que a forma do metal é influenciada pelas propriedades ambientais, como o pH, a temperatura, a dimensão das partículas, a humidade, o potencial redox, a matéria orgânica, a capacidade de troca catiónica e os sulfuretos voláteis ácidos, que também influenciam a bioacessibilidade, a biodisponibilidade, o destino, a solubilidade, a mobilidade e os efeitos do metal (Evanko e Dzombak, 1997). Assim, a especiação ou forma dos metais no meio abiótico e biótico influencia a sua bioacessibilidade, biodisponibilidade, bioacumulação e toxicidade para os organismos afectados. A toxicidade dos elementos depende principalmente do seu grau de redox, sendo a forma iónica de um elemento geralmente a mais tóxica. As formas zero-valentes da maioria dos elementos não são solúveis, pelo que a biodisponibilidade e a toxicidade destes elementos dependem dos seus sais solúveis e da sua combinação com outros elementos. Por exemplo, o crómio hexavalente Cr (VI) é letal, enquanto o crómio trivalente Cr (III) é um importante bioelemento para os organismos. Em geral, os compostos de arsénio inorgânico são mais tóxicos do que os compostos de arsénio orgânico (Govind et al. 2014). A mobilidade, a biodisponibilidade e o impacto da toxicidade dos metais pesados no ambiente dependem não só da concentração total do metal, mas também fortemente dos seus tipos químicos específicos (Radojevic e Bashkin 1999). Assim, a toxicidade e a acumulação de um metal num abiota ou biota mudam e dependem da sua forma.

A toxicidade dos metais pesados depende de uma série de factores, incluindo as condições climáticas, a geoquímica do solo, a química da água e dos sedimentos, a dose, a via de exposição, a forma do metal ou do composto metálico e as espécies químicas, bem como a idade, o sexo, a genética, o estado de gravidez, a ecologia alimentar, a capacidade de regular ou armazenar o elemento e o estado nutricional dos indivíduos expostos (Phillips 1990). Estes elementos são considerados tóxicos sistémicos, conhecidos por causarem danos em vários órgãos, mesmo a baixos níveis de exposição. São também classificados como carcinogéneos humanos conhecidos ou prováveis pela Agência de Proteção do Ambiente dos EUA e pela Agência Internacional de Investigação sobre o Cancro. Para além da sua toxicidade, alguns metais pesados são também considerados elementos essenciais porque são necessários para a saúde dos organismos em pequenas quantidades, mas a exposição excessiva a estes elementos é tóxica ou necessária em baixas concentrações e pode causar danos celulares e doenças (Kabata-Pendias e Pendias 2001). Mais especificamente, o excesso de iões metálicos pode interagir com ácidos nucleicos, proteínas estruturais, cofactores de várias enzimas metabólicas e componentes celulares, interferindo com a sua função, alterando o ciclo celular, conduzindo à carcinogénese ou causando a morte celular. Do mesmo modo, concentrações inadequadas ou baixas destes metais conduzem a doenças carenciais (OMS 1996).

Alguns destes metais pesados são de importância biológica, desempenham um papel insubstituível nos sistemas biológicos, são essenciais à vida em pequenas quantidades e são descritos como micronutrientes ou elementos essenciais; são necessários para o metabolismo, facilitam o crescimento e o funcionamento correto do organismo vivo e a sua ingestão dietética ou médica tem sido recomendada. Por exemplo, uma carência de cobre (Cu) provoca perturbações ósseas, desmielinização dos nervos, perda de peso, acinzentamento do cabelo, etc. (Pandey 1983). Mas na literatura, existem terminologias semelhantes para os elementos essenciais, tais como microelementos, micronutrientes, elementos menores, nutrientes essenciais, oligoelementos, etc. (Frieden 1974; Prashanth et al. 2015). Com base no seu papel, os elementos essenciais referem-se a qualquer elemento necessário em quantidades ínfimas para várias funções bioquímicas e fisiológicas e cuja ausência total no organismo provoca várias doenças carenciais e graves danos no equilíbrio interno do organismo (OMS 1996). São, portanto, necessários para a biossíntese, funções celulares, ácidos nucleicos, crescimento normal, desenvolvimento e bem-estar dos organismos a nível químico, biológico e molecular (Prashanth et al. 2015). Espera-se que uma dieta típica inclua menos de 50 ppm (partes por milhão) de elementos essenciais e estas doses essenciais de metais biologicamente importantes estão relacionadas com a atividade biológica típica, a fase da vida e o sexo (Pais e Jones 1997). Mas mesmo que desempenhem papéis biológicos num organismo, quando as concentrações excedem o nível autorizado no corpo ou no ambiente, tornam-se perigosos para os organismos, incluindo a saúde humana. Tal como a toxicidade, a essencialidade está também ligada à dose para a espécie. Os organismos de um determinado ecossistema são contaminados a diferentes níveis ao longo do seu ciclo na cadeia alimentar. Devido a esta toxicidade, é necessário controlar a sua concentração no ambiente. Para além dos elementos essenciais, alguns elementos são claramente tóxicos, como o chumbo, o mercúrio e o cádmio. Os elementos podem perturbar o metabolismo do organismo de duas formas: podem acumular-se nos órgãos vitais e perturbar o seu funcionamento e podem deslocar os elementos necessários da sua localização original (Singh et al. 2001). Pelo menos 60 elementos detetáveis estão presentes no corpo humano, mas apenas 25 deles são considerados parte do corpo humano (Chellan e Sadler 2015). Até serem excretados ou desintoxicados, os elementos não se decompõem e permanecem no corpo (Nordberg et al. 2014). Alguns elementos são armazenados em órgãos e tecidos durante anos, ou mesmo décadas, como o fígado, os ossos e os rins.

2. Metais pesados e seus efeitos perigosos

2.1. Poluição ambiental: Que impacto tem o ambiente nas nossas vidas?

O problema da poluição não surgiu de repente, mas foi crescendo ao longo do tempo. Infelizmente, os ecossistemas actuais estão a mudar rapidamente à medida que a atividade humana aumenta. O desenvolvimento da indústria, que é uma consequência do desenvolvimento, conduziu a um crescimento excessivo da população, a uma escassez de energia e de nutrientes, a uma maior utilização de pesticidas, a uma migração intensa das zonas rurais para as cidades, com uma urbanização irregular, a infra-estruturas inadequadas e à destruição de áreas naturais. Para além de tudo isto, os desenvolvimentos tecnológicos facilitam a vida, por um lado, mas também a ameaçam, por outro, porque a falta de sistemas de tratamento em muitas instalações industriais e nos resíduos agrícolas e domésticos contamina a fonte de vida e ameaça as nossas vidas. A contaminação (poluição), que surgiu como um resultado inevitável da industrialização e, atualmente, da presença cada vez mais frequente de sensações, entrou na agenda dos países nacionais e internacionais, e ninguém ficará indiferente a este problema.

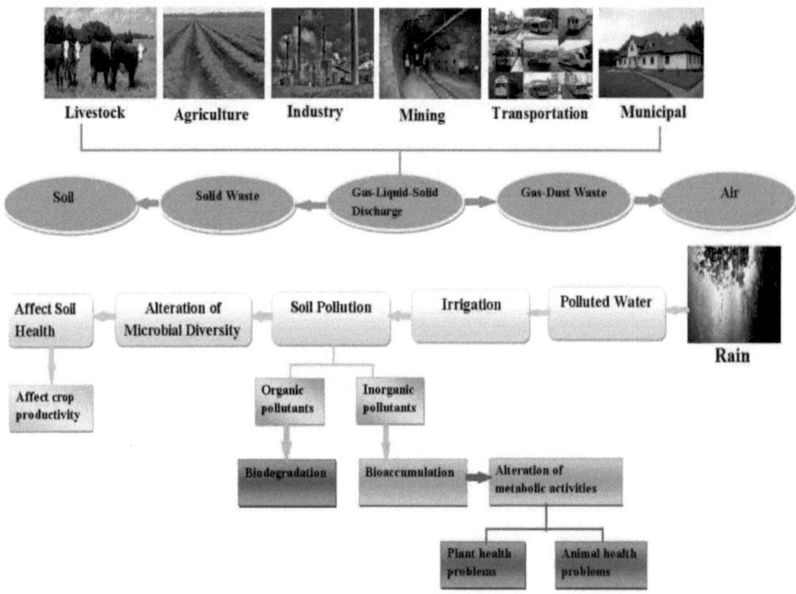

Figura 2. Fontes de poluição antropogénica e seus efeitos (Oves et al. 2012).

As actividades antropogénicas de todos os tipos, que ocorrem no ar, na água e no solo, aumentam a destruição e dificultam a vida dos seres vivos, poluindo os recursos vivos; tudo o que perturba o equilíbrio do ecossistema é considerado poluição ambiental direta ou indireta. O nível de ocorrência dos elementos no ambiente deve estar abaixo dos limites de tolerância ou, por outras palavras, em intervalos "desejados ou aceitáveis". A poluição do ambiente começa quando o aumento inconsciente da produção para proporcionar melhores condições de vida a uma população em crescimento e, por conseguinte, o aumento da utilização de metais pesados, excede a capacidade de auto-renovação da natureza. Com efeito, a entrada antropogénica de elementos excede a entrada natural.

Os problemas ambientais estão no topo da lista das principais ameaças ao equilíbrio da natureza e à saúde humana, e estes problemas estão a tornar-se cada vez mais graves. Embora o problema da poluição ambiental pareça afetar tanto os países desenvolvidos como os países em desenvolvimento, os países não desenvolvidos também sofrem com esta poluição porque a sua poluição atinge dimensões internacionais (Duce et al. 1975; Akimoto 2003). As concentrações de elementos pesados nos ecossistemas são geralmente monitorizadas física, química e biologicamente utilizando água, sedimentos e organismos biológicos. A monitorização física e química fornece informações num determinado momento. Para obter informações durante um longo período, é necessário ter em conta os organismos biológicos que vivem num determinado ambiente. A monitorização física e química fornece dados momentâneos sobre o ambiente, enquanto as amostras biológicas reflectem alterações a longo prazo. No entanto, estes três tipos de monitorização permitem uma avaliação completa da ecologia. Na água, a concentração de elementos pesados é medida em níveis baixos, enquanto a concentração de sedimentos e biota atinge um grau considerável (Wagh et al. 2015). Aparentemente, os problemas ambientais afectam primeiro os sistemas naturais e depois os seres humanos.

A poluição do ambiente é um fenómeno multifacetado. Embora alguns investigadores tenham estudado a poluição ambiental em diferentes grupos, os ambientes ar, água e solo estão intimamente ligados entre si e é aqui que o fenómeno da poluição se desenvolve. A poluição ambiental, que ocorre na natureza num círculo triplo e acaba por afetar todos os ecossistemas, incluindo os seres humanos, pode ser estudada como poluição do ar, do solo e da água.

2.1.1. Poluição atmosférica

A poluição atmosférica, que começa com a presença do fogo, aumenta continuamente por razões como o desenvolvimento industrial do século XX, o aumento do número de veículos e o aumento da utilização de combustíveis fósseis provenientes de actividades antropogénicas, ou por razões como as explosões vulcânicas, os incêndios florestais, os óxidos de carbono, o metano, etc., que são libertados durante as alterações biológicas originadas na natureza.

No mundo atual, o crescimento industrial, tecnológico e agrícola, as necessidades crescentes e as emissões destes elementos aumentaram. Os poluentes antropogénicos, que são os mais perigosos, especialmente os elementos pesados, são transportados pelos movimentos atmosféricos, com a precipitação, e misturam-se com o solo e a água. Costumava considerar-se que a concentração de elementos no solo estava ligada ao fundo geológico e era enriquecida a uma escala local, mas estudos recentes mostram que a camada superficial dos solos é afetada pela entrada atmosférica de elementos de fontes antropogénicas e naturais, sendo por isso enriquecida a uma escala regional (Steinnes et al. 1997). A este respeito, o Hg e o Pb são as formas mais emissivas de elementos pesados devido à sua presença no carvão e nos combustíveis fósseis.

A crise de poluição atmosférica mais conhecida da história europeia foi o Grande Fumo de 1952 em Inglaterra. As partículas de ácido sulfúrico libertadas pela queima de carvão nas habitações e centrais eléctricas, bem como os gases de escape dos veículos, contribuíram para a neblina e criaram uma catástrofe de saúde pública. Estima-se que 8.000 a 12.000 pessoas tenham morrido em consequência deste desastre de poluição atmosférica (Klein 2012). Consequentemente, a transferência destes elementos tóxicos do ambiente para o biota e a sua acumulação são a preocupação da maioria das agências de proteção ambiental.

2.1.2. Poluição do solo

Embora a poluição do solo seja considerada um problema agrícola, é um ambiente que precisa de ser monitorizado porque pode registar alterações no ambiente. Com o desenvolvimento da agricultura moderna e da industrialização, a poluição do solo tornou-se um problema ambiental. A implantação de instalações industriais e de cidades em terrenos agrícolas férteis constitui igualmente um problema para o solo. As actividades industriais, a exploração mineira, os resíduos provenientes de zonas residenciais, os gases de escape dos veículos automóveis, a irrigação com esgotos, a atmosfera poluída, os produtos agroquímicos e os adubos químicos são todos responsáveis pela poluição do solo, ou seja, são responsáveis pela chegada de metais pesados ao solo. As propriedades físicas, químicas e biológicas do solo contaminado por metais pesados degradam-se, o que resulta numa redução dos rendimentos. Dado o seu papel na alimentação humana e no equilíbrio ecológico, o solo deve ser utilizado de forma sustentável. Os solos não são apenas reservatórios de elementos, mas também transferem esses elementos para a água, as plantas, os animais e a atmosfera (Kelly et al. 1996; Deng et al. 2017). É por esta razão que a qualidade do solo é importante; níveis excessivos de elementos pesados podem levar à poluição da água, dos alimentos, das plantas, dos animais e, em última análise, dos seres humanos que deles se alimentam (Uchida et al. 2007). O solo pode acumular elementos libertados no ambiente por várias fontes antropogénicas, tais como actividades industriais, agrícolas, rurais e urbanas (Niragu 1991). É evidente que a concentração de elementos pesados aumenta com estas actividades, mas as suas concentrações também dependem do contexto geológico local (Zhong-Sheng 2009; Hu et al. 2011). O aumento da poluição do solo por elementos pode ter uma influência na qualidade da produção agrícola e um possível risco para a cadeia alimentar (Chen et al. 2008; Deng et al. 2017).

As propriedades dos tipos de solo, como o pH, o tipo de organismos presentes na área, as estações, a temperatura, a química da água, as diferentes fases dos elementos e outras variáveis ambientais afectam a biodisponibilidade dos elementos pesados e a sua mobilização no ambiente (Mudroch et al. 1998; Ntakirutimana et al. 2013). Consequentemente, os ciclos biológicos e geológicos afectam a concentração de elementos pesados (Rusu et al. 2000). Em geral, se a temperatura aumenta, as taxas de reação química aumentam e o pH muda de neutro para alcalino, os elementos pesados não são muito móveis. Por outras palavras, se o pH do solo for baixo, a mobilidade e a sorção dos elementos pesados aumentam. Assim, quando o pH é baixo, mais elementos podem ser encontrados em solução e mobilizados (Sherene 2010, Bing et al. 2016). Valores baixos de pH aumentam significativamente a biodisponibilidade de certos elementos, como o cobre (Cu) e o chumbo (Pb). As condições alcalinas mostram que a água está contaminada por iões como o hidróxido, o bicarbonato e o carbonato (Traichaiyaporn 2000). A matéria orgânica do solo é um fator importante na mobilização e absorção de elementos. As camadas orgânicas ricas em húmus têm a capacidade de absorver elementos e impedir o seu movimento para baixo no perfil do solo. Por exemplo, o Cd afunda-se em solos orgânicos, reduzindo a sua mobilidade (Rusu et al. 2000).

A qualidade dos sedimentos também é importante, assim como a qualidade do solo, pois fornece um habitat e uma fonte de nutrientes para os organismos aquáticos. Cada um destes dois ambientes influencia as águas subterrâneas, as águas superficiais e as plantas, animais e seres humanos que delas se alimentam (Nriagu 1991; Uchida et al. 2007; Olubunmi e Olorunsola 2010). De facto, os dados dos sedimentos são bons arquivos naturais de alterações ambientais recentes (Davies e Abowei 2009). Muitos investigadores acreditam que os sedimentos fornecem informações úteis sobre a história da qualidade da massa de água e são extremamente importantes para a transferência de contaminantes para diferentes níveis tropicais da teia alimentar (Burton Jr 2002).As características físico-químicas dos sedimentos afectam a sua capacidade de acumular elementos, pelo que a concentração de elementos difere de um sedimento para outro. Por exemplo, os sedimentos com um elevado teor de matéria orgânica, como a lama, ligam mais elementos do que os sedimentos com um baixo teor de matéria orgânica, como a areia (Rainbow 2006).

A recolha de amostras de sedimentos para análise de contaminantes pesados no âmbito de um estudo ambiental não é simples: basta recolhê-las com um balde e uma pá. É mais complicado do que a recolha de amostras de solo porque, a menos que seja erodido pela água ou pelo vento, o solo é estável. Ao contrário do solo, os sedimentos não são estáveis devido à profundidade da água, à velocidade do fluxo e à granulometria fina dos sedimentos. Além disso, as reacções entre os elementos e a água ou as alterações químicas nos sedimentos modificam a concentração de metais pesados nos sedimentos (Mudroch e Azcue 1995).

A amostragem e monitorização de sedimentos é uma boa forma de compreender os efeitos dos efluentes antropogénicos num ecossistema aquático e de fornecer um estudo detalhado como parte da prospeção geoquímica. Muitos investigadores acreditam que os sedimentos podem fornecer bons dados sobre os contaminantes de elementos pesados em massas de água aquáticas e também sobre a saúde dos seus ecossistemas devido à natureza bioacumulativa e persistente dos elementos pesados (Swarnalatha e Nair 2017). Os sedimentos são considerados arquivos de poluentes porque, quando um elemento entra num ambiente aquático, fica enriquecido nos sedimentos, altera a qualidade dos sedimentos e da água, afecta negativamente a biota aquática e biomagnifica-se na cadeia alimentar, acabando por afetar os seres humanos. Algumas definições de sedimento são as seguintes: o sedimento é um complexo heterogéneo de líquidos, sólidos, gases, orgânicos, inorgânicos e organismos vivos, controlado por estas variáveis físicas, químicas e biológicas (Mudroch et al. 1998). Outra definição é que os sedimentos são depositados no fundo de uma massa de água e contêm algum tipo de partículas de solo, como areia solta, argila ou silte (Davies e Abowei 2009). Na maioria dos estudos ambientais, a amostragem de sedimentos envolve a recolha de sedimentos de grão fino para determinar a presença de contaminantes. Foram efectuados muitos estudos para avaliar o efeito destes sedimentos poluídos na qualidade da água e do biota em diferentes tipos de água doce (Mudroch e Azcue 1995).

Alguns métodos podem ser utilizados para estimar a quantidade de elementos pesados presentes nos sedimentos, quer sejam de origem natural ou antropogénica: fator de enriquecimento, índice de acumulação geológica, índice de carga poluente, índice de contaminação, fator de enriquecimento da fase secundária, índice de poluição sintética de Nemerow, índice de risco ecológico potencial e índice de poluição integrado (Yu et al. 2003; Ding et al. 2005: Huu et al. 2010; Ntakirutimana et al. 2013). Estes métodos foram desenvolvidos para esclarecer informações sobre elementos pesados e seu risco ecológico potencial.

2.1.3. Poluição da água

É evidente que a água é uma das principais razões da vida na Terra. A vida não pode existir sem água. Onde quer que a água corra, é certo que encontraremos vida. É por isso que o lema da NASA para explorar a vida extraterrestre é "siga a água". Todos nós sabemos como a água é importante para nós. Como fonte de vida, o bem-estar e a saúde humana estão intimamente ligados às fontes de água. Quando olhamos para a Terra, mais de 70% da sua superfície está coberta por água, e é fácil pensar que a água é abundante. Mas, na realidade, o volume total de água doce na Terra é de cerca de 2,5%. Os rios e os lagos constituem apenas 0,3% dos recursos de água doce e o total de água doce utilizável pelos ecossistemas e pelos seres humanos representa menos de 1% de todos os recursos de água doce (Anonymous 2012). Muitas frases expressam a importância crucial da água, como a de uma empresa de água australiana que cita o hadith do Profeta Maomé em cada garrafa de água: "Não desperdices água, mesmo que estejas junto a um riacho". E o poeta inglês Auden WH exprimiu os seus sentimentos em relação à água com estas frases: "Milhares viveram sem amor, nenhum sem água". Não é exagero dizer que as Nações Unidas declararam no Dia Mundial do Ambiente de 2003 que "2 mil milhões de pessoas morrem por causa da água". Toda a vida depende em grande medida da água. Todos os seres vivos precisam de água porque os processos bioquímicos da vida ocorrem num líquido sem o qual não haveria vegetação no solo nem oxigénio no ar. Desde o momento em que acordamos até ao momento em que adormecemos, utilizamos a água em grande escala na nossa vida quotidiana, por exemplo na indústria, para o transporte de bens ou produtos, mas também para o cultivo de culturas, a criação de gado, etc. A água é essencial porque todas as actividades sociais e económicas se desenvolvem na água. É essencial porque todas as actividades socioeconómicas e ambientais dependem da água. A água é um nutriente necessário à manutenção da vida e assegura a digestão dos alimentos, o seu transporte para os tecidos, a eliminação dos resíduos e a regulação da temperatura corporal. A água pode transportar elementos dentro e fora da célula. Sem água, as células do corpo humano morreriam. Outras funções físicas do corpo, como a respiração, a digestão, a atividade cerebral e o movimento muscular, não poderiam ter lugar. Apesar desta dependência da água, todos os tipos de massas de água, especialmente as massas de água interiores, são vulneráveis aos efeitos da atividade humana.

As propriedades químicas e físicas da água são essenciais para a sobrevivência humana. O ar e o solo formam um todo com a água através do ciclo hidrológico. A poluição do solo e do ar conduz frequentemente à poluição da água. Isto deve-se ao facto de todos os tipos de resíduos descarregados no solo não permanecerem na área, mas atingirem as águas subterrâneas e superficiais através da chuva, das inundações e de outras vias, afectando as propriedades físicas, químicas e biológicas destas águas e conduzindo à sua poluição. A maior parte dos nossos resíduos domésticos e industriais, as chuvas ácidas decompõem os solos e libertam metais pesados para os cursos de água, lagos, rios e águas subterrâneas. Os ribeiros e rios são bacias hidrográficas e a água que contém estes efluentes é cada vez mais utilizada para fins agrícolas, industriais e recreativos, bem como fonte de alimentos e de água potável.

A poluição dos ambientes aquáticos é uma das principais causas do declínio das características físico-químicas e biológicas da água. Os metais pesados estão concentrados nos processos físico-químicos e biológicos dos ambientes aquáticos. Os ambientes aquáticos, que constituem uma parte importante dos ecossistemas, têm sido considerados, para a maioria dos resíduos, como efluentes domésticos e industriais, como um local de descarga ideal e barato e como locais de resíduos com capacidade ilimitada. As actividades antropogénicas têm o maior impacto na qualidade dos diferentes tipos de massas de água, mesmo em zonas remotas, como rios, ribeiros e zonas húmidas em todas as partes do mundo. A água é um excelente solvente. Muitos tipos de materiais podem dissolver-se na água. A química da água também influencia a mobilidade dos elementos. Por exemplo, a natureza corrosiva da água ajuda a transferir elementos pesados de sedimentos ou rochas para ambientes aquáticos. A água poluída afecta diretamente o solo em várias áreas, como zonas industriais e agrícolas, rios e ribeiros (Kisku et al. 2000). A concentração de elementos pesados nos solos e sedimentos contribui para a poluição dos ambientes aquáticos devido à sua persistência, não biodegradação, toxicidade e fácil acumulação (Hu et al. 2011). Devido às suas propriedades de transporte e de solvente, a água facilita o transporte de produtos químicos no ambiente e a sua passagem através da cadeia alimentar. Como resultado, tornou-se o ambiente mais poluído em comparação com a água e o solo. Todos os seres vivos dependem de recursos hídricos saudáveis, pelo que a proteção e conservação dos diferentes tipos de massas de água é uma necessidade. A saúde e o bem-estar humanos estão intimamente ligados aos recursos hídricos e à sua qualidade, e as actividades humanas podem afetar o ambiente de várias formas.

Os rios e ribeiros, também conhecidos como águas de superfície, são ecossistemas de grande valor ecológico, ricos em biodiversidade e constituídos por comunidades complexas. Em contraste com este valor ecológico, os rios e ribeiros estão entre os ecossistemas mais afectados do mundo. Atualmente, poucos são os rios e ribeiros que se encontram imaculados, e os resíduos domésticos e industriais estão a ter um sério impacto nos rios. O uso intensivo de fertilizantes e pesticidas na agricultura tem contribuído para a eutrofização e poluição dos ecossistemas aquáticos (Tilman e Clark 2015). A construção de barragens também altera deliberadamente as características ecológicas das bacias hidrográficas (Mackay et al. 2014). Segundo Dudgeon et al (2006), existem cinco ameaças principais à biodiversidade da água doce: sobre-exploração, poluição da água, eutrofização e acidificação, modificação do caudal, destruição ou degradação do habitat e invasão por espécies exóticas. As actividades acima mencionadas deixam resíduos de elementos e elementos no solo e nos sedimentos que contribuem para a contaminação do ecossistema aquático devido à sua persistência, fácil acumulação, difícil degradação e toxicidade (Yuan et al. 2004; Hu et al. 2011).

As zonas húmidas, como um tipo de ecossistema aquático, são importantes porque são os guardiões naturais de catástrofes e são os ecossistemas mais produtivos do mundo (EPA 2012). Fornecem alimentos, armazenam carbono e regulam os fluxos de água. Como uma esponja ou tampão natural, absorvem e armazenam o excesso de precipitação e, consequentemente, a capacidade de retenção das zonas húmidas ajuda a reduzir as inundações. Além disso, durante a estação seca, libertam a água absorvida. Desta forma, as zonas húmidas ajudam a moderar as condições climáticas globais e a regular os regimes hídricos, pelo que qualquer degradação ou perda de zonas húmidas agrava as alterações climáticas e torna as pessoas mais vulneráveis a inundações, secas e fome.

A gestão da água e, de facto, a gestão das zonas húmidas são da responsabilidade de todos e de cada um de nós. As agências governamentais, as organizações da sociedade civil, as empresas do sector privado e os indivíduos são responsáveis pela proteção da água e pela gestão das zonas húmidas. É por isso que é necessária uma abordagem multi-setorial e multi-disciplinar. O rio Mississippi é um bom exemplo da importância das zonas húmidas. O Mississipi costumava armazenar pelo menos 60 dias de água das cheias, mas hoje armazena apenas 12 dias, uma vez que a maior parte das suas zonas húmidas foram preenchidas ou drenadas. Devido às suas ricas redes alimentares, as zonas húmidas podem ser consideradas "supermercados biológicos e rins da terra" (Mitsch et al. 2015). Uma enorme variedade de espécies utiliza as zonas húmidas durante parte ou todo o seu ciclo de vida para alimentação, água e abrigo, particularmente durante a migração e reprodução (EPA 2016). A proteção das zonas húmidas é também de importância internacional, porque algumas espécies de aves migratórias dependem inteiramente de certas zonas húmidas e, se estas zonas húmidas forem destruídas, extinguir-se-ão (USEPA 1995). Existe uma correlação entre as zonas húmidas e a saúde humana. Por esta razão, a biomonitorização das zonas húmidas é importante porque, se as zonas húmidas forem saudáveis, a comunidade que vive numa zona húmida específica pode fazer face a catástrofes (Anonymous 2012). Monitorizar e gerir o carácter ecológico das zonas húmidas é vital porque quando monitorizamos estas áreas vulneráveis podemos obter informação abrangente e estatisticamente válida em diferentes intervalos. Estes dados também nos permitem compreender e avaliar as mudanças ao longo do tempo e temos a oportunidade de obter uma visão geral do estado ecológico passado e presente das zonas húmidas. As zonas húmidas mantêm o nosso ambiente saudável. Sem zonas húmidas, não há água. As nossas acções influenciam o futuro das zonas húmidas e, claro, da água. Embora as zonas húmidas sejam frequentemente húmidas e algumas apenas o sejam sazonalmente, as zonas húmidas são áreas de transição entre a terra e a água. Em termos simples, são definidas como áreas de terra onde a água cobre o solo e está presente numa base sazonal ou permanente. A Convenção de Ramsar define as zonas húmidas como "zonas de pântano, brejo, turfa ou água, naturais ou artificiais, permanentes ou temporárias, com água estática ou corrente, doce, salobra ou salgada, incluindo zonas de água marinha cuja profundidade na maré baixa não exceda seis metros" (Anónimo 2017).Para além desta definição geográfica, deve também incluir a caraterização da flora e da fauna ou do seu conteúdo biológico. As diferenças regionais ou locais de terreno, clima, topografia e vegetação, bem como as propriedades físicas e químicas da água, dão origem a vários tipos de zonas húmidas. Com exceção da Antárctida, as zonas húmidas podem ser encontradas em todos os continentes. As zonas húmidas podem ser classificadas em três categorias: zonas húmidas costeiras (marinhas) ou de maré, zonas húmidas interiores ou não marés e zonas húmidas artificiais. Entre estas zonas húmidas, existem 952 zonas húmidas costeiras (marinhas) ou de maré, 1843 zonas húmidas interiores ou não marés e 766 zonas húmidas artificiais em todo o mundo (EPA 2016; Anonymous 2017). A este respeito, a contaminação das zonas húmidas por elementos pode ter efeitos adversos na saúde humana, pelo que a proteção das zonas húmidas pode, por sua vez, proteger a nossa saúde e bem-estar.

3. Biomonitorização de metais pesados: Utilização de biota, sedimentos e água na monitorização ambiental

Um ecossistema é constituído por factores bióticos e abióticos, e estes factores interagem entre si. A combinação do fundo natural e do contributo antropogénico constitui a concentração de elementos num ambiente. Nos ecossistemas naturais, os elementos estão presentes em baixas concentrações, na ordem dos nanogramas a microgramas por litro. Várias actividades humanas aumentaram a concentração de elementos, levando a uma alteração no ciclo geoquímico destes elementos. É evidente que o biota é diariamente contaminado por elementos através da água potável, do ar, do solo, dos alimentos e do manuseamento manual. As principais vias de absorção de elementos pelos organismos são os alimentos, a água potável e o ar. Qualquer espécie de elemento pode ser considerada um "contaminante" se estiver presente de forma indesejável, numa forma ou concentração que cause um efeito nocivo para os seres humanos ou a degradação do ambiente. Os metais pesados são perigosos e persistentes por natureza; têm sido objeto de especial atenção porque tendem a bioacumular-se. A bioacumulação significa que a concentração de qualquer elemento aumenta num organismo biológico ao longo do tempo em relação ao elemento no ambiente circundante (Gupta 2013).

A bioacumulação é um termo geral que descreve um processo pelo qual a quantidade de um elemento aumenta numa parte do corpo devido ao facto de a taxa de absorção exceder a capacidade do organismo para eliminar o elemento do corpo. Os elementos não biodegradáveis acumulam-se nos solos, sedimentos e água doce e sofrem biomagnificação nos organismos vivos (Schrader et al. 1983; Clark 1992). Tal como a bioacumulação, a biomagnificação é um processo que consiste em aumentar a concentração de uma substância nos tecidos vivos à medida que esta sobe na cadeia alimentar. Quando os organismos acumulam elementos em concentrações mais elevadas do que no seu ambiente, isto é conhecido como bioconcentração (Shrader et al. 1983; Victor et al. 2012).

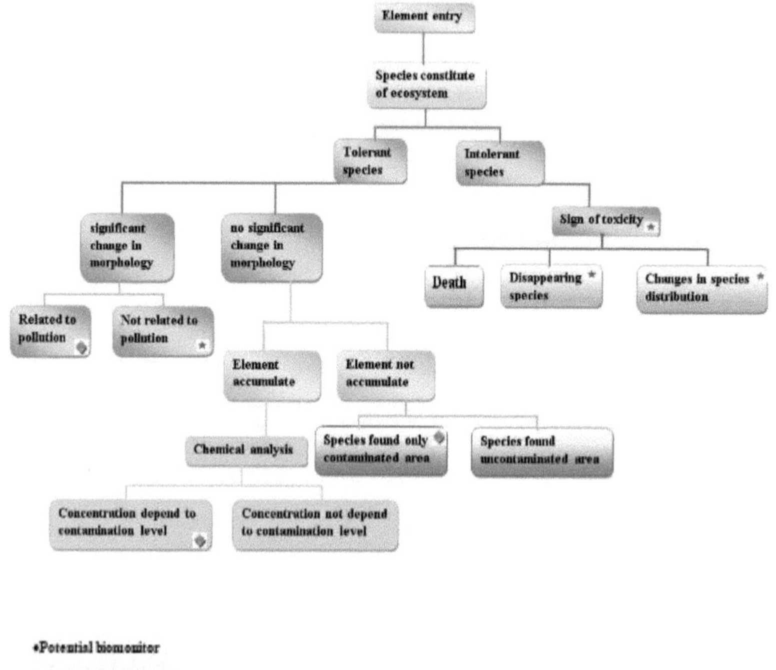

Figura 3: Organismos de biomonitorização e bioindicadores e sua resposta à contaminação elementar.

Atualmente, a monitorização e prevenção da poluição por elementos pesados no ambiente é um dos tópicos mais importantes em estudos ambientais. A crescente contaminação do ambiente e dos produtos alimentares por elementos pesados e os seus efeitos mutagénicos, neurotóxicos, teratogénicos, carcinogénicos e citotóxicos nos organismos têm atraído a atenção de cientistas de todo o mundo (Nehring 1976; Holt e Miller 2011; Ntakirutimana et al. 2013; Rahmanpour 2016). O mercúrio, o chumbo, o cádmio, etc. não são necessários para os organismos, mas aumentaram consideravelmente nos últimos anos e biomagnificaram-se nos níveis tropicais superiores. Atualmente, estão disponíveis na literatura muitos estudos sobre a poluição por elementos pesados e os seus efeitos na saúde humana e no ambiente (Nehring 1976; Cesa et al. 2015; Rahmanpour et al. 2016). Existem também muitos estudos de vários institutos e organizações internacionais como a OMS (Organização Mundial de Saúde), EPA (Análise de Proteção Ambiental), IUCN (União

Internacional para a Conservação da Natureza) relacionados com a poluição ambiental devido à poluição por elementos pesados na literatura.

A utilização do biota na monitorização e avaliação da qualidade ambiental é importante para detetar o impacto antropogénico (Gray 1989). A presença de elementos nos órgãos ou tecidos de um organismo, como as guelras, os intestinos, os músculos, o exoesqueleto ou as raízes, sugere que os organismos estão contaminados pela água e pelos alimentos (Hare et al. 1991). É difícil compreender os efeitos sinérgicos e antagónicos dos elementos pesados num ambiente através de medições químicas, mas a monitorização das alterações ambientais através de medições biológicas proporciona uma abordagem integrada para avaliar a qualidade ambiental. Alguns elementos têm efeitos antagónicos ou sinérgicos quando presentes em conjunto. Para os avaliar com exatidão, é necessário conhecer a forma do elemento e a existência do biota e do abiota. Por conseguinte, ao efetuar um estudo ambiental, as amostras de água, sedimentos e biota devem ser tidas em conta no programa de estudo (Traichaiyaporn 2000; Ololade et al. 2008; Zhou et al. 2008; Rahmanpour et al. 2016).

Todos os organismos toleram uma gama limitada de condições físicas, químicas e biológicas e respondem a essas condições de formas diferentes. O controlo biológico da qualidade não é um fenómeno novo. Os primeiros estudos de biomonitorização basearam-se em aspectos bacteriológicos (Hynes 1960), depois os bioindicadores foram utilizados principalmente para estimar a poluição atmosférica, mas recentemente têm sido utilizados para estimar e medir a poluição da água, do solo e dos sedimentos e a qualidade ambiental (Mulgrewet al. 2004). Um exemplo disto é a utilização de canários como instrumento de alerta precoce nas minas de carvão no início da revolução industrial. Se as condições na mina fossem más, os canários reagiam negativamente e os mineiros abandonavam a mina (Cairns e Pratt 1993). A presença de algas, de bactérias, de minhocas aquáticas, de larvas de moscas, de sanguessugas e de larvas de moscas negras indica igualmente uma má qualidade da água e a presença de resíduos orgânicos. Por outro lado, a presença de ninfas de efémeras, de efémeras, de caddisfly e de dobsonella indicam uma boa qualidade da água (Cairns e Pratt 1993; Lopez-Lopez e Sedeno-Diaz 2015; Oeding e Taffs 2015).

Estes dois termos podem ser considerados como tendo o mesmo significado e como permutáveis, mas ambos têm significados completamente diferentes (Phillips e Rainbow 1994; Markert et al. 2003). Os indicadores biológicos ou bioindicadores são organismos cuja presença ou ausência indica a presença ou abundância de factores críticos no ambiente. A presença, ausência ou alteração do número de espécies bioindicadoras dá uma ideia da avaliação da qualidade do ambiente. Estas espécies ilustram efetivamente as condições ambientais devido à sua tolerância à variabilidade ambiental. Os bioindicadores são espécies, comunidades ou biomateriais utilizados para avaliar as alterações da qualidade ambiental ao longo do tempo (Holt e Miller 2011). O bioindicador é um mecanismo de feedback que utiliza as respostas dos organismos para avaliar a qualidade do ambiente, seja ela favorável ou desfavorável aos organismos. De acordo com esta ideia, certas espécies podem ser utilizadas para indicar as condições ambientais em que o habitat é adequado para a sua vida.

Os cientistas utilizam bioindicadores em diferentes escalas, desde o nível celular de um organismo até ao nível do ecossistema (Adamo et al. 2007; Mehrotra 2016; Yu et al. 2017). Os bioindicadores a nível celular são também designados por biossensores. Existem diferentes tipos de biossensores: baseados em células, em tecidos, em enzimas, em ADN, em imunidade, etc. Por exemplo, as proteínas metalotioeninas são biossensores que foram encontrados em plantas, microrganismos e animais e constituem bons métodos para a deteção rápida de organismos contaminados por metais pesados (Gutierrez et al 2009). Numerosos estudos dedicados a métodos bioindicadores/biossensores fornecem resultados significativos no que respeita à qualidade ambiental. Por exemplo, os líquenes e as briófitas são indicadores da qualidade do ar e são utilizados para avaliar a qualidade do ar (Adamo et al. 2007; Cesa et al. 2015). A presença de líquenes indica algures uma boa qualidade do ar, mas uma redução da diversidade de líquenes indica uma má qualidade do ar. Neste sentido, o bioindicador indica alterações nos níveis físico, químico e de biodiversidade. Outro exemplo vem de Gulser e Erdogan (2008) no seu estudo que comparou o teor de elementos pesados a diferentes distâncias (5m, 25m, 45m) da estrada perto de tráfego pesado para compreender se o tráfego pesado modifica ou não o ambiente circundante, tendo encontrado uma correlação positiva significativa entre as amostras. Neste exemplo, as actividades enzimáticas microbianas do solo foram utilizadas como bioindicador/biossensor. A resposta dos bioindicadores pode ser observada e informar as nossas acções. Dá uma ideia da qualidade do ar, do solo, da água ou do ambiente. Deste modo, as perturbações ambientais afectam diretamente o crescimento, a distribuição da população, a abundância e o comportamento das espécies bioindicadoras. Em suma, os bioindicadores são sensíveis ou intolerantes e actuam como sinais de alerta precoce em caso de perturbação ambiental.

Os organismos bioindicadores avaliam qualitativamente as alterações ambientais e fornecem uma imagem das condições no momento da amostragem, ao passo que os organismos biomonitores determinam quantitativamente o stress e fornecem impactos cumulativos das alterações ambientais ao longo de um período de tempo, como uma cassete de vídeo, mesmo que os níveis de contaminantes mudem rapidamente ao longo do tempo (Rosenberg et al. 1986; Markert et al. 2003; Chakrabortty e Paratkar 2006). Um biomonitor actua sempre como um bioindicador, mas um bioindicador nem sempre é um biomonitor (Markert et al. 2003). A biomonitorização pode ser efectuada a diferentes níveis de material biológico, desde a hierarquia da comunidade até ao nível molecular dos organismos. A biomonitorização implica a utilização de organismos para estudar o ambiente (Gerhartd 2000). Os estudos de biomonitorização fornecem uma visão integrada de um ecossistema e da qualidade do seu ambiente. O biomonitoramento é, portanto, uma ferramenta interessante para avaliar a poluição aquática (Zhou 2008; Sharanamd Sinha 2011).

A biomonitorização é a melhor forma de compreender o efeito das alterações ambientais globais nas comunidades abióticas e bióticas no futuro. Fornece a melhor informação sobre o estado atual e passado de um determinado ambiente (Rosenberg et al. 1986). Na prática, um biomonitor adequado deve ter certas características específicas, tais como : deve ser amplamente perturbado em todo o mundo; deve ser suficientemente abundante em toda a zona de monitorização e estar representado em grande número para que o estudo possa ser repetido; deve ser capaz de acumular e tolerar elementos orgânicos e inorgânicos sem poder ser encontrado em diferentes tipos de água e de habitat; pode refletir as condições ao longo do tempo deve ser tolerante a perturbações a níveis mensuráveis; tem um longo período de vida para poder ser comparada em diferentes idades; deve estar presente durante toda a estação para amostragem; deve ter um tamanho razoável para análise; pode ser fácil de amostrar e bem identificada taxonomicamente (Butler et al. 1971; Wittig 1993; Chakrabortty e Paratkar 2006; Zhou et al. 2008).

Os metais pesados em ambientes aquáticos são objeto de um estudo intensivo devido a preocupações sobre a sua toxicidade na água potável, a sua importância nos ciclos biogeoquímicos e os seus efeitos cumulativos na saúde humana. Por conseguinte, é importante conhecer o seu grau de toxicidade para os organismos aquáticos. Programas de biomonitorização bem concebidos e baseados em hipóteses ajudarão a proteger o ambiente da poluição global por metais pesados. Os organismos mais frequentemente utilizados neste contexto são enumerados a seguir;

Plantas

Os fetos, as gramíneas e várias partes de plantas superiores têm sido utilizados em estudos de biomonitorização de metais pesados há muitos anos (Reboredo 1992; Gratton et al. 2000). Diferentes partes de plantas, tais como cascas de árvores (Zhou et al. 2015), anéis de árvores (Beramendi-Orosco et al. 2013), folhas (Clemens et al. 2002), cones (Reboredo et al. 2012), agulhas de pinheiro (Gratton et al. 2000), ramos (Serbula et al. 2012), frutos (Bonanno 2014), flores e raízes ou caules (Filipovic-Trajkovic et al. 2012) têm sido utilizadas para este fim. De acordo com Krstic et al (2007), a acumulação de metais pesados nas plantas atinge o seu nível mais elevado no final do seu período de vegetação. Os elementos podem entrar nas plantas a partir do solo através das raízes, do ar através das folhas que são transportadas das raízes para as folhas ou da precipitação (Rucandio et al. 2011). Bonanno (2014) em seu estudo mostra que os frutos de Ricinus *communis* (mamona) são aceitos como melhores acumuladores de elementos da poluição do ar do que as folhas. No seu estudo, os frutos acumulam níveis mais elevados de Pb e Zn do que as folhas, enquanto os níveis de Al, Cr, Hg e Ni nas folhas são mais elevados do que nos frutos. Além disso, devido à capacidade dos vacúolos das folhas para armazenar elevadas concentrações de elementos, as folhas de várias espécies de plantas foram consideradas biomonitores adequados da poluição atmosférica (Clemens et al. 2002).

Kovacs et al (1981) monitorizaram as folhas de três espécies de árvores em ambientes rurais e urbanos e mostraram que as folhas de árvores urbanas acumulavam elementos 1,2-9 vezes mais do que as árvores em ambiente rural. A casca das árvores presta-se bem a estudos sobre metais pesados devido à sua facilidade de crescimento, grande área de superfície, longa vida útil e elevado teor de lípidos (Zhou et al. 2015). Para avaliar a poluição ou as emissões do tráfego, as coníferas e os seus compartimentos, como a casca, o cone e as agulhas, têm sido amplamente utilizados (Gratton et al. 2000; Baslar et al. 2009; Reboredo et al. 2012). Os musgos e líquenes são geralmente utilizados em estudos de biomonitorização da qualidade do ar porque não têm contacto direto com o solo e obtêm os seus nutrientes da atmosfera (Lippo et al. 1995). Mas em áreas urbanas e industriais, estes organismos não existem, razão pela qual as plantas vasculares ganharam importância nos estudos de biomonitorização (Bonanno 2014).

A espécie vegetal, o órgão vegetal, o tipo de solo em que a planta vive, a interação dos elementos no ambiente, as interacções entre espécies e o tipo de elemento afectam a distribuição dos metais nas plantas. Pode concluir-se que as plantas num ambiente poluído acumulam elementos em concentrações elevadas e que o consumo destas plantas comestíveis ou das suas partes representa um risco grave para a saúde humana. Além disso, a interação planta-inseto com insectos polinizadores leva à mobilização de elementos na cadeia alimentar (através das plantas) devido às características de acumulação das plantas (Boyd 1998).

Zooplâncton

O zooplâncton é um organismo heterotrófico de natação fraca que se encontra perto da superfície da água, geralmente à deriva com a corrente. O zooplâncton inclui protozoários (flagelados, ciliados, foraminíferos, radiolários), crustáceos (cladóceros, copépodes), anfípodes, krill, etc. Constituem uma parte importante da teia alimentar aquática e as suas características particulares podem oferecer vantagens para os estudos de biomonitorização. As suas condições ambientais obrigaram-nos a desenvolver certas adaptações estruturais a factores ambientais como a turbulência, a poluição, o pH, a disponibilidade de elementos, a temperatura, os níveis de luz e a salinidade. Devido ao seu importante papel na teia alimentar aquática, à sua diversidade de espécies, à sua ampla distribuição geográfica, à sua biomassa e abundância, etc., podem indicar alterações ambientais e ser utilizados para avaliar a saúde de um ecossistema (Battuello et al. 2016). Se estes organismos viverem num ambiente poluído por metais, podem acumular metais pesados a níveis mais elevados (Leborans et al. 1998), o que afecta a cadeia alimentar. Estes organismos bentónicos consomem elementos geralmente através dos alimentos, dos sedimentos do fundo e da água no seu habitat (Luoma et al. 1992).

Os protozoários ou protistas são eucariotas que produzem energia por fotossíntese e são, portanto, produtores primários na cadeia alimentar marinha. Têm sido utilizados em estudos de biomonitorização devido à sua biologia bem conhecida, às suas características ecológicas e à vantagem de um manuseamento prático em laboratório (Fernandez-Leborans e Novillo 1994). Os copépodes são pequenos crustáceos aquáticos que constituem a espécie mais abundante (pelo menos 70% da fauna zooplanctónica) e dominante nas comunidades zooplanctónicas, com dez ordens. Alimentam-se de fitoplâncton e microzooplâncton em suspensão. Constituem um elo de ligação entre a produção primária, ou seja, o fitoplâncton, e os consumidores secundários na teia alimentar aquática (Kadam e Tiwari 2015; Battuello et al. 2017). Por conseguinte, têm um valor significativo em estudos de biomonitorização. Hsiao et al. (2011) relataram que os copépodes são as espécies de zooplâncton que mais acumulam metais pesados e que o nível de acumulação varia significativamente entre e dentro das espécies. O conhecimento da biodisponibilidade dos metais pesados nas comunidades zooplanctónicas fornece informações importantes sobre a acumulação de metais pesados e a sua transferência através da cadeia alimentar.

Bivalves

Os bivalves, também conhecidos como Lamellibranchi, são uma das seis classes de moluscos e muitos dos seus membros são consumidos por seres humanos em grandes quantidades (Gosling 2008). Para além da sua importância comercial, os bivalves têm sido amplamente e com sucesso utilizados como organismos-chave de biomonitorização em muitos países para monitorizar a poluição de elementos pesados, e esta abordagem conhecida como o "Programa de Monitorização de Mexilhões" foi proposta por Edward Goldberg em 1975 (Goldberg 1975). Devido ao seu estilo de vida, tais como ampla distribuição geográfica, vida sedentária ou semi-móvel, tamanho razoável e longa vida útil, população abundante em áreas costeiras e estuarinas, tolerância a várias alterações ambientais e alta capacidade de bioacumulação e bioconcentração de contaminantes ambientais, os bivalves são uma ferramenta adequada de monitorização a longo prazo (Bocchetti e Regoli 2006; Rainbow 2006; Zhou et al. 2008; Bezuidenhout et al. 2015). Os adultos destes animais são habitantes do fundo e adaptaram-se ao habitat bentónico. Vivem de forma semi-móvel no bentos ou agarrados a conchas ou rochas (Gosling 2008). A maior parte deles escava em profundidade (>30 cm) e aí vive permanentemente, mas alguns vivem agarrados à superfície (Rainbow 2006; Gosling 2008). Graças ao seu filtro de sedimentos e ao seu hábito de se alimentar em suspensão, são capazes de recolher partículas suspensas na coluna de água e nos sedimentos (Rainbow 2006; Sarkar et al. 2008). Estes organismos são capazes de acumular várias classes de poluentes e podem ser utilizados como instrumento de avaliação dos riscos em matéria de poluição ambiental e de saúde humana.

Espumas

Os musgos são criptogâmicas e, em particular, os musgos ecto-hídricos têm sido utilizados como biomonitores da poluição do ar (Onianwa 2001). Têm sido utilizados para a poluição atmosférica devido à ausência de raízes verdadeiras, pelo que não podem extrair nutrientes do solo; estão espalhados; são perenes e têm uma taxa de crescimento lenta; têm feixes vasculares não desenvolvidos; estão presentes em áreas que vão desde as regiões menos poluídas até às mais poluídas e são fáceis de amostrar (Wolterbeek et al. 1996). Devido à elevada capacidade de troca catiónica das suas paredes celulares, podem acumular elevadas concentrações de elementos (Markert et al. 2003). Acumulam elementos da chuva e da atmosfera por capacidade de troca iónica e quelação porque não têm um sistema radicular desenvolvido (Rucandio et al. 2011).

Os musgos têm sido utilizados em muitos países desde os anos 60 no âmbito de estudos nacionais e internacionais sobre a transferência de metais para a atmosfera (Ruhling 1994). O comportamento de acumulação de metais dos musgos e líquenes significa que não podem ser utilizados um em vez do outro. Os níveis elevados de poluentes acumulam-se nos musgos através da deposição húmida, enquanto os líquenes se acumulam melhor em condições áridas (Chakrabortty e Paratkar 2006). Além disso, os musgos acumulam poeiras mais facilmente do que os líquenes (Steinnes 1995; Chakrabortty et al. 2006).

Algas marinhas

As algas têm uma elevada capacidade de bioacumulação e transformam os poluentes de elementos pesados através da cadeia alimentar aquática, o que pode levar a biomagnificações nos animais e na saúde humana. As algas têm uma elevada capacidade de ligação de elementos devido aos grupos hidroxilo, carboxilo, sulfato e amino na parede celular dos polissacáridos, que actuam como permutadores de iões e ligam catiões metálicos (Pinto et al. 2003). Estas características levam a que alguns cientistas acreditem que podem ser utilizadas para monitorizar a deterioração ambiental. A capacidade das algas para absorver elementos depende da filogenia da espécie, do crescimento, da geração, da morfologia do talo, bem como de factores ambientais como a geologia, o pH, as interacções entre elementos, a estação do ano, a temperatura e a salinidade (McCormick e Cairns 1994; Trifan et al. 2015).

Peixe

A carne de peixe é saudável, nutritiva e de valor significativo numa dieta equilibrada, apoiando a saúde e o bem-estar humanos como fonte essencial de muitas proteínas, aminoácidos, lípidos, vitaminas lipossolúveis, minerais e ácidos gordos polinsaturados de cadeia longa (ácidos gordos ómega 3 e ómega 6) (Belitz e Grosch1999; FAO 2010). É saudável porque, de acordo com estudos epidemiológicos, os riscos de doença coronária, hipertensão e cancro são menores nos consumidores regulares de peixe (Simopolpoulos 1997), sendo por isso altamente recomendado por médicos e nutricionistas. Para além destas vantagens, o peixe pode ser tóxico se viver num ambiente contaminado. O consumo frequente de peixe contaminado pode levar a riscos perigosos para a saúde.

Os peixes estão no topo da cadeia alimentar aquática e estão presentes em quase todos os habitats aquáticos. O seu longo tempo de vida, a sua taxonomia bem definida, os seus hábitos alimentares variados e a sua tendência para acumular mais metais fazem deles bons instrumentos para a monitorização do ambiente aquático. O grau de bioacumulação nas espécies de peixes é influenciado por uma série de factores, tais como o tipo de elemento, o período de exposição, a espécie de peixe, o tamanho, a idade, o sexo, os hábitos alimentares, o nível tropical, os factores sazonais, as características dos sedimentos, a concentração de oxigénio, a química da água, o valor do pH, a temperatura, a salinidade, a dureza e a área de amostragem (Asuquo et al. 2004; Carvalho et al. 2005; Adhikari et al. 2009).

Os metais pesados entram no corpo dos peixes através dos seus alimentos, brânquias, pele, partículas em suspensão e consumo oral de água (Milanov et al. 2016). Durante a sua vida, alimentam-se principalmente de insectos, algas, pequenos peixes, crustáceos, rotíferos e plantas. Os estudos sobre a acumulação de metais pesados em peixes têm sido amplamente estudados e bem documentados (Alibabic et al. 2007; Uysal et al. 2009; Sonne et al. 2014). A utilização de peixes como biomonitores é importante devido à sua capacidade de acumular elementos que causam contaminação crónica ou aguda em seres humanos que consomem regularmente peixe. Para o efeito, os níveis de elementos pesados no músculo, fígado, brânquias, esqueleto e opérculo são medidos para indicar o nível de contaminantes no corpo do peixe (Culioli et al. 2009; Uysal et al. 2009; Sonne et al. 2014). Além dos níveis de metalotioneína (Linde- Arias et al. 2008), inibição da colinesterase (Garci'a et al. 2000), níveis de peroxidação lipídica e atividade de enzimas antioxidantes (Lopez-Lopez et al. 2011), o grau de radicais livres é um sinal de acumulação de elementos em espécies de peixes e pode ser usado como biossensor/biomarcador para estudos. Sonne et al. (2014) estudaram a histologia dos órgãos do escorpião comum *(Myoxocephalus scorpius) como* bioindicador de exposição a elementos, vivendo numa área de mineração inativa, e mostraram que 23 anos após o encerramento da mina, a concentração de certos elementos como Pb, As, Hg no fígado do escorpião ainda é mensurável e diminui com a distância da fonte contaminante. Culioli et al (2009) estudaram peixes de água doce que vivem numa mina quase 70 anos após a suspensão da atividade mineira. Indicam que os níveis de As na água e nos peixes ainda são elevados e acreditam que *o Salmo trutta é* uma espécie adequada para estudos de biomonitorização. Para além da utilidade e adequação das espécies de peixes em estudos de biomonitorização da qualidade ambiental, é também importante medir o conteúdo elementar das espécies de peixes devido ao seu importante valor para a dieta e nutrição humanas. Assim, devido ao comportamento cumulativo e à toxicidade dos elementos, é importante para a saúde humana conhecer as concentrações dos elementos monitorizados periodicamente nos peixes, noutros organismos aquáticos e no seu ambiente abiótico, que são amostrados no mesmo local.

Insectos

Os fósseis mais antigos de insectos datam de há cerca de 400 milhões de anos, das eras Devónica e Paleozóica (Grimaldi e Engel 2005; Price et al. 2011). Por conseguinte, vivem em diferentes tipos de condições climáticas e têm uma maior capacidade de adaptação do que os outros animais. Podem viver em quase todo o lado, desde piscinas termais (25-40°C no Parque Nacional de Yellowstone) a águas salobras. São pequenos em tamanho, o que significa que podem viver com uma grande biomassa numa pequena área e contentar-se com menos comida. Têm diferentes fases de vida e cada fase alimenta-se de forma diferente durante a sua vida. O domínio dos insectos na Terra deve-se também à sua capacidade de voar. O facto de terem asas dá-lhes certas vantagens, como a abundância, a capacidade de escapar aos seus inimigos, a facilidade de encontrar alimentos e de se espalharem.

Como invertebrados, os insectos são mais numerosos do que todos os grupos de vertebrados juntos (Price et al. 2011). Os insectos têm hábitos alimentares diferentes e, por conseguinte, ocupam posições diferentes na teia alimentar. Para além destas características, os insectos são uma importante fonte de proteínas para muitos invertebrados e vertebrados, como anfíbios, peixes, répteis, aves e mamíferos; decompõem a biomassa vegetal e os cadáveres de animais e aceleram a sua reciclagem na natureza, desempenhando assim um papel importante no funcionamento dos ecossistemas. Os insectos são, portanto, um grupo altamente diversificado, que mantém a biodiversidade na Terra. Podem ser considerados como espécies-chave, pois se desaparecerem, o funcionamento do ecossistema corre o risco de entrar em colapso.

Os insectos aquáticos são inseparáveis dos ecossistemas de água doce. Para avaliar a qualidade, avaliar e classificar o estado de saúde dos ecossistemas aquáticos, os insectos aquáticos ou escaravelhos aquáticos fornecem a melhor informação sobre o estado do ambiente. Foram realizados muitos trabalhos a nível mundial sobre a biomonitorização de metais pesados em insectos aquáticos (Rosenberg et al. 1986; Borowska et al. 2004; Bonada et al. 2006; Burghelea et al. 2011; Aydogan et al. 2016; Aydogan et al. 2017). Estes insectos têm sido utilizados como bioindicadores ou biomonitores devido ao seu comportamento intolerante ou à sua capacidade de acumular contaminantes em quantidades previsíveis, mesmo muito tempo depois de a poluição ter cessado (Nehring 1976; Nummelin et al. 2007). Os insectos transformam os elementos pesados numa posição mais elevada na teia alimentar (Zheng et al. 2008). Pelo menos parte da vida dos escaravelhos aquáticos decorre em vários habitats aquáticos. Consequentemente, qualquer alteração na qualidade destes habitats pode afetar o seu número, diversidade, riqueza de espécies e hábitos alimentares. Os insectos aquáticos são, por conseguinte, considerados organismos de biomonitorização devido à sua riqueza de espécies, estilo de vida cosmopolita e sensibilidade a qualquer alteração da qualidade do seu habitat. Entre os escaravelhos aquáticos, os escaravelhos predadores como os Dytiscidae são susceptíveis de acumular e transferir elementos pesados de níveis inferiores da teia alimentar (Burghelea et al. 2011). Além disso, os Hydrophilidae alimentam-se principalmente de plantas em decomposição, que são consideradas bons biomonitores de elementos pesados (Aydogan et al. 2017). Em contraste com as espécies tolerantes, alguns insectos, como os EPT (Ephemeroptera, Plecoptera, Trichoptera), são sensíveis aos poluentes e são, por conseguinte, bons indicadores da qualidade da água, enquanto alguns deles, como os Chironomidae (Diptera), são considerados tolerantes às perturbações ambientais e capazes de sobreviver em águas de baixa qualidade (Wahizatul et al. 2011). A sua composição, distribuição, raridade ou abundância reflectem alterações ambientais e abrangem a maioria dos critérios geralmente aceites na seleção de taxa de biomonitorização.

A forma como os organismos acumulam elementos pesados pode variar consoante a espécie. O mecanismo de absorção e excreção de elementos pesados, o tamanho do corpo, as necessidades, a escolha da presa, o tipo de elemento, os níveis elevados de elementos no ambiente e a história de vida conduzem a variações nas concentrações de elementos entre espécies. Por exemplo, Zhong-Sheng (et al. 2009) demonstrou no seu estudo sobre a acumulação de elementos pesados em amostras do mesmo habitat que o mercúrio (Hg) era o elemento mais biomagnificado nos insectos carnívoros, enquanto o chumbo (Pb) e o cádmio (Cd) não eram acumulados se se considerasse que a teia alimentar se estendia aos consumidores secundários. No seu estudo, os elementos passaram do solo para as plantas, das plantas para os insectos herbívoros e dos insectos herbívoros para os insectos carnívoros. Boyd (2009) mostrou no seu estudo que os insectos hiperacumuladores de Ni que se alimentam de plantas hiperacumuladoras de Ni acumulam mais Ni do que outras espécies de insectos. Aydogan et al (2016) estudaram espécies de Hydrophilidae (Coleoptera) como biomonitores da poluição por elementos pesados e mostraram que as espécies *Paracymus chalceolus* e *Berosus spinosus* têm elevada capacidade de acumular certos elementos pesados no seu ambiente. Os metais pesados são primeiro absorvidos pelas plantas no solo, depois assimilados e transferidos para a cadeia alimentar pelos animais e passam de um trópico para outro (Nehring 1976; Zheng et al.

2008; Aydogan et al. 2017). O fator de concentração é, portanto, afetado pelos elementos e pela biota na cadeia alimentar.

Podem ser tiradas as seguintes conclusões;

O património natural do mundo (rios, mares, oceanos, zonas húmidas, etc.) foi contaminado, explorado, abusado e erradicado. Sem água, não pode haver vida. Se não cuidarmos dela, se não a respeitarmos, se não a preservarmos e se não abusarmos dela, acabaremos por nos destruir a nós próprios. Temos de aprender a apreciar, a conservar e a cuidar da água que temos. Os cientistas ainda estão a juntar as peças do puzzle da poluição por elementos pesados. Podemos simplesmente ajudar a prevenir a poluição da água não deitando lixo para o chão. Quando a água é contaminada, é difícil, dispendioso e, por vezes, impossível remover os poluentes. A poluição elementar afecta não só a qualidade dos alimentos, mas também a qualidade do ar, do solo e das massas de água, e ameaça os organismos vivos e os seres humanos através da teia alimentar (Zhang 1999).

Se não protegermos a nossa flora e fauna, a saúde humana não pode ser protegida (Newman 2010). Se olharmos para a cadeia alimentar, os elementos pesados podem passar de um organismo para outro e, em última análise, para os seres humanos. Utilizando índices bióticos, podemos resumir a qualidade ecológica de uma forma simples. A monitorização e a avaliação biológica são utilizadas em alguns países, como a Austrália, os Estados Unidos da América e os membros da Comunidade Europeia, e constituem uma obrigação governamental (Lopez-Lopez e Sedeno-Diaz 2015). Além disso, os estudos cosmopolitas de biomonitorização de elementos pesados fornecem referências cruzadas em grandes áreas geográficas (Rainbow 2006). Cada país precisa de criar políticas governamentais e de criar novas unidades que se ocupem do ambiente e da sua qualidade. Estas unidades devem monitorizar continuamente os habitats aquáticos, como ribeiros, lagos, rios e águas subterrâneas, bem como a qualidade do solo e do ar, para garantir a qualidade ambiental e minimizar a degradação do ambiente.

A estratégia de monitorização a longo prazo manterá o ambiente saudável e livre de doenças básicas. Além disso, se continuarmos os estudos de biomonitorização, compreenderemos se as espécies se adaptaram geneticamente ao ambiente poluído ou não. As concentrações de metais variam de uma espécie para outra, mesmo em espécies taxonomicamente próximas. Uma abordagem comparativa entre espécies diferentes pode fornecer informações essenciais para compreender a biocinética dos metais e a sua acumulação entre espécies diferentes (Wang e Rainbow 2008).

A qualidade analítica dos elementos pesados (preservação, preparação e análise de amostras) em amostras bióticas e abióticas é importante e deve ser efectuada em laboratórios calibrados. Caso contrário, as informações fornecidas no âmbito de um estudo serão erróneas. Para além da informação analítica, a informação estatística é também importante. Relativamente aos exemplos de tecidos biológicos analisados, a idade, o sexo, o tamanho, a espécie e o tempo decorrido entre amostras tornam a comparação complexa, não sendo suficiente avaliar apenas as médias geométricas, as médias aritméticas e os valores medianos. Além disso, ao contrário dos poluentes orgânicos, como os PCB (bifenilos policlorados), os HAP (hidrocarbonetos aromáticos policíclicos) e os HCB (hexaclorociclohexano), os elementos pesados não são geralmente degradáveis. Para evitar um ambiente deste tipo, deve ser estabelecido um programa de controlo não só para os metais vestigiais, mas também para os hidrocarbonetos e os pesticidas organoclorados.

Referências

Adamo P, Crisafulli P, Giordano S, Minganti V, Modenesi P, Monaci F. 2007. Sacos de líquenes e musgos como dispositivos de monitorização em áreas urbanas. Parte II: teor de elementos vestigiais em biomonitores vivos e mortos e comparação com materiais sintéticos. Environ Pollut, 146, 392e399.

Adhikari S, Ghosh L, Rai S, Ayyappan S. 2009. Concentrações de metais na água, sedimentos e peixes de lagos de aquacultura alimentados por esgotos em Calcutá, Índia. Environ Monit Assess, 159, 217-230

Akimoto H. 2003. Global Air Quality and Pollution (Qualidade Global do Ar e Poluição). Science, 302 (5651), 1716-1719. Doi :
10.1126/science.1092666.

Alibabic V, Vahcic N, Bajramovic M. 2007. Bioacumulação de metais em peixes salmonídeos e impacto na qualidade da carne de peixe. Environ Monit Assess, 131, 349-364.

Anónimo 2012. As zonas húmidas cuidam da água. http://www.ramsar. org/sites/default/ files/documents/library/leaflet 1.pdf(acedido em 02.10.2017).

Anónimo 2017.http://www.ramsar.org/(acedido em 02.09.2017).

Anonymus 1. Química. Pedia Press.http://pediapress.com/books/show/chemistry-by-wikipedians/

Appenroth KJ. 2010. Definição de "metais pesados" e do seu papel nos sistemas biológicos. In: Soil Heavy Metals. Soil Biology, 19, 19-29, Springer, Berlim, Heidelberg.

Asuquo FE, Ewa-Oboho I, Asuquo EF, Udo PJ. 2004. Espécies de peixes utilizadas como biomarcadores da contaminação por metais pesados e hidrocarbonetos em Cross river, Nigéria. The Environmentalist, 2, 29-37.

Aydogan Z, Gurol A, incekara U. 2016. A investigação da acumulação de elementos pesados em algumas espécies de Hydrophilidae (Coleoptera). Monitorização e avaliação ambiental, 188(4), 204.

Aydogan Z, §i§man T, incekara U, Gurol A. 2017. Acumulação de metais pesados em alguns insetos aquáticos (Coleoptera: Hydrophilidae) e tecidos de *Chondrostoma regium* (Heckel, 1843) em relação à sua concentração na água e sedimentos do rio Karasu, Erzurum, Turquia. Environ Sci Pollut Res, 24 (10), 9566-9574. Doi: 10.1007/s11356-017-8629-x.

Baslar S, Dogan Y, Durkan N e Bag H. 2009. Biomonitorização de zinco e manganês na casca de pinheiro-vermelho turco da Anatólia ocidental. J Environ Biol, 30, 831-834.

Battuello M, Brizio P, Sartor RM, Nurra N, Pessani D, Abete MC, Squadrone S. 2016. Zooplâncton de uma área do Noroeste do Mediterrâneo como modelo de transferência de metais num ambiente marinho.
Indicadores ecológicos, 66, 440-451.http://dx.doi.org/10.1016/j.ecolind.2016.11.041 1

Battuello M, Sartor RM, Brizio P, Nurra N, Pessani D, Abete MC, Squadrone S. 2017. A influência das estratégias de alimentação na bioacumulação de elementos-traço em copépodes (Calanoida). Indicadores Ecológicos, 74, 311-320.

Belitz HD, Grosch W. 1999. Food chemistry. Springer, Berlim Heidelberg Nova Iorque, 992-998.

Beramendi-Orosco LE, Rodriguez-Estrada ML, Morton-Bermea O, Romero FM, Gonzalez-Hernandez G, Hernandez-Alvarez E. 2013. Correlações entre metais em anéis de árvores de *Prosopis julifora* como indicadores de fontes de contaminação por metais pesados. Applied geochemistry, 39, 78-84.

Bezuidenhout J, Dames N, Botha A, Frontasyeva MV, Goryainova ZI, Pavlov D. 2015. Oligoelementos em mexilhões mediterrânicos *Mytilus galloprovincialis* da costa ocidental sul-africana. Ecological Chemistry and Engineering S, 22(4), 489-498.

Bing H, Zhou J, Wu Y, Wang X, Sun H, Li R. 2016. Estado atual, fontes e risco potencial de metais pesados nos sedimentos do reservatório das Três Gargantas, China. Environmental Pollution, 214, 485496.
Bini C, Bech J. 2014. PHEs, ambiente e saúde humana, 401-463, Dordrecht, Springer.

Blake J. 1884. On the Connection between Physiological Action and Chemical Constitution [Sobre a relação entre a ação fisiológica e a constituição química]. The Journal of Physiology, 5, 36-44. http://dx.doi.org/10.1113/jphsiol.1884.sp000148.

Bocchetti R e Regoli F. 2006. Variabilidade sazonal de biomarcadores oxidativos, parâmetros lisossomais, metalotioneínas e enzimas peroxissomais no mexilhão mediterrânico *Mytilus galloprovincialis* do Mar Adriático. Chemosphere 65, 913-921.

Bonada N, Prat N, Resh VH, Statzner B. 2006. Desenvolvimentos na Biomonitorização de Insetos Aquáticos: Uma Análise Comparativa de Abordagens Recentes. Revisão Anual de Entomologia, 52 : 495-523.

Bonanno G. 2014. *Ricinus communis* como um elemento biomonitor da atmosfera. Poluição da água, ar e solo, 225: 1852. Doi: 10.1007/s11270-013-1852-2.

Borowska J, Sulima B, Nikilinska M, Pyza E. 2004. Acumulação de metais pesados e seus efeitos no desenvolvimento, sobrevivência e células imuno-competentes da mosca doméstica *Musca domestica* de populações laboratoriais fechadas como organismo modelo. Fresenisus Environ. Bull. **13** : 1402-1409.

Boyd RS. 1998. O significado da hiperacumulação de metais para as interacções bióticas. Chemoecology, 8, 1-7.

Boyd RS. 2009. Insectos com alto teor de níquel e plantas hiperacumuladoras de níquel: uma revisão. Insect Science, 16, 19-31, Doi 10.1111/j.1744-7917.2009.00250.x.

Burghelea CI, Zaharescu DG, Hooda PS, Palanca-Soler A. 2011. Besouros aquáticos predadores, bioindicadores adequados de elementos vestigiais. J Environ Monit, 13, 1308. Doi : 10.1039/c1em10016e.

Burton Jr, GA. 2002. Critérios de qualidade dos sedimentos utilizados em todo o mundo. Limnology, 3(2), 65-76. https://doi.org/10.1007/s102010200008.

Butler PA, Andren L, Bonde GJ, Jernelov A, Reisch DJ. 1971. Monitoring organisms. FAO Fisheries Reports, 99(1), 101-112.

Cairns J, Pratt JR. 1993. A History of Biological Monitoring Using Benthic Macroinvertebrates. Freshwater Biomonitoring and Benthic Macroinvertebrates, Rosenberg DM e Resh VH eds, Chapman & Hall, NY.

Carvalho ML, Santiago S, Nunes ML. 2005. Avaliação do teor de elementos essenciais e metais pesados em músculo de peixe comestível. Química Analítica e Bioanalítica, 382(2), 426-432.

Cesa M, Bertossi A, Cherubini G, Gava E, Mazzilis D, Piccoli E, Verardo P, Nimis PL. 2015. Desenvolvimento de um protocolo padrão para monitorizar elementos vestigiais em águas continentais com musgos.

sacos: diferenças inter e intra-específicas. Environ Sci Pollut Res, 22 (7), 5030-5040. http://dx.doi.org/10.1007/s11356-015-4129-z.

Chakrabortty S, Paratkar GT. 2006. Biomonitorização da poluição atmosférica por oligoelementos utilizando musgos. Aerosol and Air Quality Research, 6(3), 247-258.

Chellan P, Sadler PJ. 2015. Os elementos da vida e dos medicamentos. Phil Trans R Soc A, 373

(2037), 20140182. 373.2037: 20140182. Doi: 10.1098/rsta.2014.0182.

Chen T, Liu X, Zhu M, Zhao K, Wu J, Xu J, Huang P. 2008. Identificação de fontes de elementos vestigiais e avaliação dos riscos associados em solos vegetais da zona de transição urbano-rural de Hangzhou, China Environ Pollut, 151, 67-78.

Clark RB. 1992. Marine Pollution. Cleavendo Press, 128-212, Oxford. REINO UNIDO.

Clemens S, Plamgren MG, Kramer U. 2002. A long way to go: understanding and engineering metal accumulation in plants. Trends in Plant Science, 7(7), 309-315.

Culioli JL, Calendini S, Mori C, Orsini A. 2009. Acumulação de arsénio num peixe de água doce que vive num rio contaminado da Córsega, França. Ecotoxicologia e segurança ambiental, 72(5), 14401445.

Davies OA e Abowei JFN. 2009. Qualidade dos sedimentos das zonas inferiores do riacho Okpoka, Delta do Níger, Nigéria. Jornal Europeu de Investigação Científica26 (3): 437 - 442.

Deng W, Li X, An Z, Yang L, Hou, K, Zhang, Y. 2017. Identificação de fontes de metais em solos agrícolas da planície de Guanzhong, noroeste da China. Toxicologia e química ambiental, 36(6), 1510-1516.

Ding XG, Ye SY, Gao ZJ. 2005. Métodos de avaliação da poluição por metais pesados em sedimentos offshore. Marine Geol Lett. 21, (8), 31.

Duce RA, Hoffman GL, Zoller WH. 1975. Metais traço atmosféricos em locais remotos do hemisfério norte e sul: Poluição ou Natural? Science, 187(4171), 59-61. Doi : 10.1126/ science.187.4171.59.

Dudgeon D, Arthington AH, Gessner MO, Kawabata ZI, Knowler DJ, Ldveque C, Naiman RJ, Richard AHP, Soto D, Stiassny MLJ, Sullivan CA. 2006. Freshwater biodiversity: importance, threats, status and conservation challenges. Biological reviews, 81 (2), 163-182.

Duffus JH. 2002. Metal pesado; um termo sem sentido? Pure and Applied Chemistry, 74, 793-807. http://dx.doi.org/10.1351/pac200274050793

Ebbing DD, Gammon SD. 2017. Química geral. 11. Edt. 1152 p, Cengage Learning, Boston, EUA.

Emsley J. 2011. Nature's Building Blocks: An A-Z Guide to the Elements (Nova edição). Nova Iorque, NY: Oxford University Press, ISBN 978-0-19-960563-7.

EPA (Agência de Proteção do Ambiente). 2012. Wetlands. Disponível no seguinte endereço:

http://water.epa.gov/type/wetlands/index.cfm

EPA (Agência de Proteção do Ambiente). 2016.https://www.epa.gov/sites/production/files /2016-02/documents/wetlandfunctionsvalues.pdf(consultado em 02.10.2017)

Evanko CR, Dzombak DA. 1997. Remediation of metals-contaminated soils and groundwater (Remediação de solos e águas subterrâneas contaminados com metais). Centro de Análise de Tecnologias de Remediação de Águas Subterrâneas, Pittsburg, EUA.

FAO. 2010. Elementos nutricionais do peixe.http://www.fao.org/fishery/topic/12319/en. (acedido em 20 de março de 2016).

Fergusson JE. 1990. Heavy Elements: Chemistry, Environmental Impact and Health Effects. Pergamon Press, Oxford.

Fernandez-Leborans G, Novillo A. 1994. Experimental Approach to Cadmium Effects on a Marine Protozoan Community Untersuchungen zum EinfluB von Cadmium auf eine marine **Protozoen-Gemeinschaft**. CLEAN-Soil, Air, Water, 22(1), 19-27.

Filipovic-Trajkovic R, Ilic ZS, Sunic L, Andjelkovic S. 2012. O potencial de diferentes espécies de plantas para a acumulação e distribuição de metais pesados. J Food Agric Environ, 10(1), 959-964.

Foster W. 1936. Química inorgânica (Niels Bjerrum).

Frieden E. 1974. A evolução dos metais como elementos essenciais (com especial referência ao ferro e ao cobre). Adv Exp Med Biol;48:1-29.

Gerhardt A. 2000. Biomonitorização de águas poluídas. Trans Tech Publications Ltd, Suíça, 120.

Govind P, Madhuri S. 2014. Metais pesados que causam toxicidade em animais e peixes. Revista de Investigação em Ciências Animais, Veterinárias e da Pesca, 2(2), 17-23.

Goldberg E. 1975. The mussel watch - a first step in global marine monitoring. Marine Pollut Bull. 6, 7, 111-123. Doi: 10.1016/0025-326X(75)90271-4.

Gosling E. 2008. Bivalve molluscs: Biology, ecology and culture (Moluscos bivalves: Biologia, ecologia e cultura). John Willey and Sons, 456.

Govind P, Madhuri S e Shrivastav AB. 2014. Fish Cancer by Environmental Pollutants, 1st Ed, Narendra Publishing House, Delhi, India.

Gratton WS, Nkongolo KK e Spiers GA. 2000. Acumulação de metais pesados no solo e nas agulhas de pinheiro-bravo *(Pinus banksiana)* em Sudbury, Ontário, Canadá. Bull Environ Contam Toxicol, 64, 550557.

Gutidrrez JC, Amaro F, Martin-Gonzalez A. 2009. De ligantes de metais pesados a biossensores: as metalotioneínas de ciliados discutidas. Bio Essays, 31(7), 805-816. Doi : 10.1002/bies.200900011.

Gupta V. 2013. Fezes de mamíferos como bioindicador de contaminação por metais pesados no Jardim Zoológico de Bikaner, Rajastão, Índia. Res. J. Animal, Veterinary and Fishery Sci. 1(5), 10-15.

Gulser F, Erdogan E. 2008. Os efeitos da poluição por metais pesados nas actividades enzimáticas e na respiração basal dos solos à beira da estrada. Monitorização e avaliação ambiental, 145(1), 127-133.

Gray JS. 1989. Effects of environmental stress on species rich assemblages. Biological Journal of the Linnean Society 37:19-32.

Hare L, Saouter E, Campbell PGC, Tessier A, Ribeyre F, Boudou A. 1991. Dinâmica da troca de cádmio, chumbo e zinco entre as ninfas da mosca *Mexcogenia rigida* (Ephemeroptera) e o ambiente. Can J Fish Aquat Sci, 48 (1), 39-47.https://doi.org/10.1139/f91-006.

Hsiao S-H, Hwang J-S, Fang T-H. 2011. Espécies de copépodes e seus conteúdos de metais vestigiais na costa norte de Taiwan. J Mar Syst, 88: 232-238. doi:10.1016/j.jmarsys.2011.04.009.

Hawkes SJ. 1997. O que é um metal pesado? Journal of Chemical Education, 74, 1374. http://dx.doi.org/10.1021/ed074p1374

Holt EA, Miller SW. 2011. Bioindicadores: Utilização de organismos para medir os impactos ambientais. Nature Education Knowledge 2(2), 8.

Hu G, Yu R, Zhao J, Chen L. 2011. Distribuição e enriquecimento de elementos pesados lixiviáveis por ácido nos sedimentos intertidais da Baía de Quanzhou, costa sudeste da China. Monitorização e Avaliação Ambiental, 173 (1-4), 107-116.

Huu HH, Rudy S, Van Damme A. 2010. Distribuição e estado de contaminação de metais pesados em sedimentos estuarinos perto do porto de Cau Ong, Baía de Ha Long, Vietname. Geology Belgica,13 (1-2), 37 - 47.
Hynes HBN. 1960. The Biology of Polluted Waters. Liverpool, Reino Unido: Liverpool Univ. Press. 202p.

Hawkes SJ. 1997. O que é um "metal pesado"? J Chem Educ 74(11), 1374. Doi: 10.1021/

ed074p1374.

Hutton M e Symon C. 1986. As quantidades de cádmio, chumbo, mercúrio e arsénico que entram no ambiente do Reino Unido devido às actividades humanas. Science of the total environment, *57*, 129-150.

Jones L, Atkins PW. 2004. Química: moléculas, matéria e mudança. TPB.

Kabata-Pendias A e Pendias H. 2001. Trace element in soil and plants. Boca Raton. 413 p.

Kadam SS, Tiwari LR. 2015. Distribuição, abundância e diversidade de espécies de copépodes de Dandi Creek na costa oeste da Índia.

Kelly J, Thornton I, Simpson P. 1996. Urban geochemistry: A study of the influence of anthropogenic activity on the heavy metal content of soils in traditionally industrial and nonindustrialareas of Britain. Appl Geo chem, 11, 363-370.

Kishe MA, Machiwa JF. 2003. Distribuição de metais pesados nos sedimentos do Golfo de Mwanza do Lago Vitória, Tanzânia. Ambiente Internacional, 28, 619- 625.

Kisku GC, Barman SC, Bhrgava SK. 2000. Contaminação do solo e das plantas com elementos potencialmente tóxicos irrigados com efluentes industriais mistos e seu impacto no ambiente. Water Air and Soil Pollution, 120(1-2), 121-137.

Klein C. 2012. The great smog of 1952.http://www.history.com/news/the-killer-fog-that-blanketed-london-60-years-ago(acedido em 09.10.2017).

Kovacs M, Podani J, Klincsek P. 1981. Composição elementar das folhas de algumas árvores de folha caduca e a indicação biológica de metais pesados num ambiente urbano-industrial. In Ata Bot Acad Sci Hung, 27, 43-52.

Krstic B, Stankovic D, Igic R e Nikolic N. 2007. O potencial de diferentes espécies de plantas para a acumulação de níquel. J Biotechnol Equip, 21, 431-436.

Leborans GF, Herrero YO, Novillo A. 1998. Toxicidade e bioacumulação de chumbo em comunidades de protozoários marinhos. Ecotoxicologia e segurança ambiental, 39 (3), 172-178.

Lenntech K. 2004. Tratamento da água e purificação do ar. Publicado por Rotter Dam Seweg, Países Baixos.

Lippo H, Poikolainen J, Kubin E. 1995. A utilização de musgo, líquenes e casca de pinheiro na monitorização nacional da deposição atmosférica de metais pesados na Finlândia. Water, Air, and

Soil Pollution, 85(4), 2241-2246.

Lopez-Lopez E, Sedeno - Diaz JE, Soto C, Favari L. 2011. Respostas de enzimas antioxidantes, peroxidação lipídica e Na+/K+-ATPase no fígado do peixe *Goodea atripinnis* exposto à água do Lago Yuriria. Fish Physiol Biochem 37, 511-522.

Lopez-Lopez E, Sedeno-Diaz JE. 2015. Indicadores biológicos da qualidade da água: O papel dos peixes e macroinvertebrados como indicadores da qualidade da água. In: Armon R., Hanninen O. (eds) Environmental Indicators. Springer, Dordrecht. doi : 10.1007/978-94-017-9499-2_37.

Luoma SN, Johns C, Fisher NS, Steinberg NA, Oremland RS, Reinfelder JR. 1992. Determinação da biodisponibilidade do selénio para um bivalve bentónico a partir de partículas e solutos. Environ Sci Technol, 26, 485-491.

Lyman WJ. 1995. Processos de transporte e transformação. Em Fundamentals of Aquatic Toxicology, GM Rand (Ed.), Taylor & Francis, Washington DC.

Mackay SJ, Arthington AH, James CS. 2014. Classificação e comparação de regimes de fluxo naturais e alterados para apoiar um ensaio australiano dos Limites Ecológicos da estrutura de Alteração Hidrológica. Ecohydrology, 7 (6), 1485-1507. Doi: 10.1002/eco.1473.

Markert BA, Breure AM, Zechmeister HG. 2003. Definições, estratégias e princípios para a bioindicação/biomonitorização ambiental. Trace Metals and other Contaminants in the Environment, 6, 3-39.

McCormick PV, Cairns J. 1994. Algae as indicators of environmental change. Journal of Applied Phycology, 6(5-6), 509-526.

Mehrotra P. 2016. Biossensores e suas aplicações. A review. Journal of Oral Biology and Craniofacial Research, 6 (2), 153-159.https://doi.org/10.1016/j.jobcr.2015.12.002.

Milanov R, Krstic M, Markovic R, Jovanovic D, Baltic B, Ivanovic J, Jovetic M, Baltic ZM. 2016. Análise da concentração de metais pesados nos tecidos de três espécies diferentes de peixes incluídos na dieta humana do rio Danúbio, região de Belgrado, Sérvia. Ata Vet (Beograd), 66(1), 89-102.

Ming-Ho Y. 2005. Environmental Toxicology: Biological and Health Effects of Pollutants, Chap. 12, CRC Press LLC, ISBN 1-56670-670-2, 2ª edição, Boca Raton, EUA.

Mitsch WJ, Bernal B, Hernandez ME. 2015. Serviços ecossistémicos das zonas húmidas. Revista Internacional de Ciência da Biodiversidade, Serviços e Gestão de Ecossistemas, 11(1), 1-4.http://dx.doi.org/

10.1080/21513732.2015.1006250.

Mudroch A, Azcue JM, Mudroch P. 1998. Manual for bioassessment of aquatic sediment quality. CRC Press, 256p.

Mudroch A, Azcue JM. 1995. Aquatic Sediment Sampling Manual. CRC Press, 240p.

Mulgrew A e Williams P 2004. Biomonitorização da qualidade do ar utilizando plantas. Relatório de Higiene do Ar n.º 10. PP:1-100.
Muller U. 2007. Inorganic structural chemistry. John Wiley, Chichefster.

Nehring RB. 1976. Insectos aquáticos como monitores biológicos da poluição por metais pesados. Bull Environ ContamToxicol 15 (2), 147-154.

Newman MC. 2010. Fundamental of Ecotoxicology. 3 [rd]edição, CRC Press, 551.

Nordberg GF, Fowler BA, Nordberg M. (Eds.). 2014. Manual sobre a Toxicologia dos Metais. Academic Press.

Nriagu JO. 1991. Influência humana no ciclo global dos metais. Em J.G. Farmer (ed.) heavy metals in the environment. CEP consultants Ltd, Edimburgo, Reino Unido. 1 : 1-5.

Ntakirutimana T, Du G, Guo JS, Gao X, Huang L. 2013. Poluição e avaliação do risco ecológico potencial de metais pesados num lago. Pol J Environ Stud, 22 (4), 1129-1134.

Nummelin M, Lodenius M, Tulisalo E, Hirvonen H, Alanko T. 2007. Insectos predadores como bioindicadores da poluição por metais pesados. Environ Pollut, 145, 339-347.

Oeding S, Taffs KH. 2015. As diatomáceas são um bioindicador fiável e valioso para avaliar a saúde dos ecossistemas fluviais subtropicais? Hydrobiologia, 758 (1), 151-169. https://doi.org/10.1007/s10750-015-2287- 0.

Ololade IA, Lajide L, Amoo IA, Oladoja NA. 2008. Investigação da contaminação por metais pesados de mariscos marinhos comestíveis. Jornal Africano de Química Pura e Aplicada, 2 (12), 121-131

Olubunmi FE e Olorunsola OE. 2010. Avaliação do estado de poluição por metais pesados dos sedimentos da área de depósito de betume de Agbabu, Nigéria. Jornal Europeu de Investigação Científica, 41 (3), 373-382.

Onianwa PC. 2001. Monitorização da poluição atmosférica por metais: uma revisão da utilização de musgos como indicadores. Environ Monit Assess, 71, 13-50.

Oves M, Khan MS, Zaidi A, Ahmad E. 2012. Contaminação do solo, valor nutritivo e avaliação dos riscos para a saúde humana dos metais pesados: uma visão geral. Em Toxicity of heavy metals for legumes and bioremediation (Toxicidade dos metais pesados para leguminosas e bioremediação). Springer Vienna, pp. 1-27.

Pais I, Jones Jr JB. 1997. The handbook of trace elements. CRC Press.

Pandey BL. 1983. Um estudo do efeito de Tamrabhasma em úlceras gástricas experimentais e secreções. Indian J Exp Biol, 21, 25-64.

Pinto E, **Sigaud-kutner** T, Leitão MA, Okamoto OK, Morse D, Colepicolo P. 2003. Stress oxidativo induzido por metais pesados em algas. Journal of Phycology, 39(6), 1008-1018.

Phillips DJH. 1990. In: Furness RW, Rainbow PS (eds) Heavy Metals in the Marine Environment, Boca Raton: CRC Press.

Phillips DJH, Rainbow PS. 1994. Biomonitorização de contaminantes aquáticos vestigiais. Chapman & Hall, 293, Londres.

Prashanth L, Kattapagari KK, Chitturi RT, Baddam VRR, Prasad LK. 2015. Uma revisão sobre o papel dos oligoelementos essenciais na saúde e na doença. Jornal da Universidade de Ciências da Saúde Dr. NTR, 4(2), 75.

Rahmanpour S, Ashtiyani SML, Ghorghani NF. 2016. Biomonitorização de metais pesados utilizando peixes de fundo e caranguejos como espécies bioindicadoras, no rio Arvand. Toxicologia e Saúde Industrial, 32(7) 1208-1214. Doi: 10.1177/0748233714554410.

Rainbow PS. 2006. Biomonitorização de metais vestigiais em ambientes estuarinos e marinhos. Revista Australasiana de Ecotoxicologia, 12 (3), 107-122.

Radojevic M, Bashkin VN. 1999. Practical Environmental Analysis, Royal Society of Chemistry, Reino Unido.

Rajeswari TR, e Sailaja N. 2014. Impacto dos metais pesados na poluição ambiental. J de Ciências Químicas e Farmacêuticas, 3, 175-181.

Reboredo, F. 1992. Acumulação de cádmio por *Halimione portulacoides* (L.) Aellen: Um estudo sazonal. Mar Environ Res 33, 17-29.

Reboredo F, Barbosa R, Mendes B. 2012. As Escamas e a Casca do Pinheiro de Alepo Podem Ser Utilizadas na Biomonitorização de Alguns Metais Pesados? Contaminação de Solos e Sedimentos:

Um Jornal Internacional, 21(7), 789-801.

Rishi KK, Jain M. 1998. Efeito da toxicidade do cádmio na morfologia das escamas em *Cyprinus carpio* (Cyprinidae). Boletim de contaminação ambiental e toxicologia, 60(2), 323-328.

Rosenberg DM, DanksHV, Lehmkuhl DM. 1986. Importância dos insectos na avaliação do impacto ambiental. Environmental Management, 10 (6), 773-783.

Rucandio MI, Petit-Dominguez MD, Fidalgo-Hijano C, Garcia-Gimdnez R. 2011. Biomonitoramento de elementos químicos em um ambiente urbano utilizando espécies de plantas arbóreas e arbustivas. Environmental Science and Pollution Research, 18(1), 51-63.

Rusu AM, Dubbin W, Har N, Bartok K, Purvis W, Williamson B. 2000. Teor de metais pesados no solo como indicador de poluição. Studia universitatis Babe§-Bolyai, Geologia, XLV, 1, 105-113.

Sarkar SK, Cabral H, Chatterjee M, Cardoso I, Bhattacharya AK, Satpathy KK, Alam MA. 2008. Biomonitorização de metais pesados utilizando moluscos bivalves nas zonas húmidas de mangais de Sunderban, na costa nordeste da Baía de Bengala (Índia): possíveis riscos para a saúde humana. CLEAN-Soil, Air, Water, 36(2), 187-194.

Serbula SM, Miljkovic DD, Kovacevic RM, Ilic AA. 2012. Avaliação da poluição atmosférica por metais pesados utilizando partes de plantas e solo superficial. Ecotoxicologia e Segurança Ambiental, 76, 209-214.

Sherene T. 2010. Mobilidade e transporte de metais pesados em solos poluídos. Biological Forum, An International Journal, 2(2) : 112-121.

Shrader DE, Lucinda MV, Covick LA. 1983. The Determination of toxic metals in waters and wastes by furnace Atomic Absorption (Determinação de metais tóxicos em águas e resíduos por absorção atómica em forno). Varian Instruments at Work, Varian Atomic Absorption. No. AA-31, junho.

Simopolpoulos AP. 1997. O marisco do produtor ao consumidor: aspectos naturais do peixe. In: Lutten JB, Borresen T, Oehlenschla" ger J (eds) Elsevier, Amsterdam, vol 38, pp 587-607.

Singh R, Gautam N, Mishra A, Gupta R. 2011. Metais pesados e sistemas vivos: An overview. Indian J Pharmacol, 43 (3), 246-253. doi : 10.4103/0253-7613.81505

Sonne C, Bach L, Sondergaard J, Rigdt FF, Dietz R, Mosbech A, Leifsson PS, Gustavson K. 2014. Avaliação do uso da histologia de órgãos de sculpin comum *(Myoxocephalus scorpius)* como bioindicador de exposição a elementos no fiorde da área de mineração Maarmorilik, Groenlândia Ocidental. Investigação ambiental, 133, 304-311.

Steinnes E, Allen RO, Petersen HM, Ramback JP, Varskog P. 1997. Evidência de contaminação em larga escala por metais pesados de solos naturais de superfície na Noruega a partir de transporte atmosférico de longo alcance. Science of the Total Environment, 205, 255.

Swarnalatha K, Nair AG. 2017. Avaliação da qualidade dos sedimentos de lagos tropicais usando padrões de qualidade dos sedimentos. Lagos e Reservatórios: Pesquisa e Gestão, 22, 65-73. Doi : 10.1111/lre.12162.

Tchounwou PB, Yedjou CG, Patlolla AK, Sutton DJ. 2012. Toxicidade dos metais pesados e o ambiente. EXS, 101, 133-164. doi : 10.1007/978-3-7643-8340-4_6

Tilman D e Clark M. 2015. Alimentação, agricultura e ambiente: Podemos alimentar o mundo e salvar a Terra? Daedalus, 144 (4), 8-23.

Traichaiyaporn S. 2000. Análise da qualidade da água. Departamento de Biologia, Faculdade de Ciências, Universidade de Chiang Mai.

Trifan A, Breaban IG, Sava D, Bucur L, Toma CC, Miron A. 2015. Conteúdo de metais pesados em macroalgas do Mar Negro da Romênia. Rev Roum Chim, 60(9), 915-920.

Uchida S, Tagami K, Hirai I.2007. Factores de transferência do solo para a planta de elementos estáveis e radionuclídeos naturais: (2) Arroz colhido no Japão J Nucl Sci Technol, 44, 779-790.

USEPA (Agência de Proteção Ambiental dos Estados Unidos). 1995. America's Wetlands: Our Vital Link Between Land and Water [Zonas húmidas da América: a nossa ligação vital entre a terra e a água]. EPA843-K-95-001. Washington, DC: Agência de Proteção Ambiental dos EUA, Gabinete da Água, Gabinete de Zonas Húmidas, Oceanos e Bacias Hidrográficas.

Uysal K, Kose E, Bulbul M, Donmez M, Erdogan Y, Koyun M, Omeroglu Q, Ozmal F. 2009. A comparação dos rácios de acumulação de metais pesados de algumas espécies de peixes no lago Enne Dame (Kutahya/Turquia). Environ Monit Assess, 157, 355-362.

Wahizatul AA, Long SH, Ahmad A. 2011. Composição e distribuição das comunidades de insectos aquáticos em relação à qualidade da água em dois riachos de água doce de Hulu Terengganu, Terengganu. Jornal de Ciência e Gestão da Sustentabilidade 6 (1), 148-155.

Wang WX e Rainbow PS. 2008. Abordagens comparativas para compreender a bioacumulação de metais em animais aquáticos. Comparative Biochemistry and Physiology Part C: Toxicology & Pharmacology, 148(4), 315-323.

OMS (Organização Mundial de Saúde). 1996. Oligoelementos na nutrição e saúde humanas.

Organização Mundial de Saúde.

Wolterbeek HT, Bode P, Verburg TG. 1996. Assessing the Quality of Biomonitoring Via Signal-to-Noise Ratio Analysis (Avaliação da qualidade da biomonitorização através da análise do rácio sinal-ruído). Sci Total Environ, 180, 107-116.

Woodriff AM. 2013. Heavy metals. O que significa o termo? http://192.185.117.31/~heavymet/wpcontent/uploads/2013/07/HeavyMetals.AnnWoodriff1.pdf(acedido em 05.04.2016)

Victor JN, Nor Hasyimah AK, Pearline NHC, Lee CY, The YY. 2012. Um estudo comparativo da concentração de Cd e Pb em peixes marinhos comerciais seleccionados de mercados húmidos e supermercados em Klang Valley, Malásia. Health Environ J 3, 25-37

Yu YJ, Huang H, Wang X D, Liu D, Wang LS. 2003. Poluição sedimentar por metais pesados no rio Huaihe Res Environ Sci 16, (6), 26.

Yu D, Bai L, Zhai J, Wang Y, Dong S. 2017. Deteção de toxicidade em água contendo iões de metais pesados com um biossensor baseado em células de combustível microbianas auto-alimentadas. Talanta, 168, 210-216. https://doi.org/10.1016/_j.talanta.2017.03.048.

Yuan CG, Shi JB, He B, Liu JF, Liang LN, Jiang GB. 2004. Especiação de elementos pesados em sedimentos marinhos do Mar da China Oriental por ICP-MS com extração sequencial. Environment International, 30 (6), 769-783.

Zhang NM. 1999. Avanço da investigação sobre metais pesados no sistema solo-planta. Avanço em Ciência Ambiental, 7(4), 30-33.

Zheng DM, Wang QC, Zhang ZS, Zheng N, Zhang XW. 2008. Bioacumulação de mercúrio total e metil mercúrio por artrópodes. Bull Environ Contam Toxicol, 81, 95-100. doi:10.1007/s00128-008-9393-x

Zhong-Sheng Z, Xian-Guo L, Qi-Chao W, Dong-Mei Z. 2009. Biogeoquímica do mercúrio, cádmio e chumbo no sistema solo-planta-inseto na cidade de Huludao. Bull Environ Contam Toxicol 83: 255-259. Doi: 10.1007/s00128-009-9688-6.

Zhou Q, Zhang J, Fu J, Shi J, Jiang G. 2008. Biomonitorização: uma ferramenta apelativa para a avaliação da poluição por metais no ecossistema aquático. Analytica chimica ata, 606 (2), 135-150.

Zhou L, Dong L, Huang YR, Shi SX, Zhang LF, Zhang XL, Yang WL. 2015. Casca de árvore como biomonitor para a determinação de bifenilos policlorados e éteres difenílicos polibromados do sul de Jiangsu, China: níveis, distribuição e possíveis fontes. Monitorização e avaliação ambiental, 187(9), 603.

More
Books!

info@omniscriptum.com
www.omniscriptum.com
OMNIScriptum

FSC
www.fsc.org
MIX
Papier aus verantwortungsvollen Quellen
Paper from responsible sources
FSC® C105338